Autodesk
人人都是设计师系列

123D Design
玩转3D打印

欧特克亚太有限公司（AUTODESK ASIA PTE LTD)　著

U0291177

航空工业出版社

北京

内 容 提 要

本书是由欧特克亚太有限公司独家授权出版的Autodesk 123D Design软件培训教程，内容包括：基础知识、实例、技巧（共11章）和3个附录。从3D打印知识、123D Design软件的功能、3D建模的基础、若干3D模型的建模步骤等方面，系统、全面地介绍了3D打印的原理和123D Design软件的应用方法。为了便于读者学习掌握并更加容易地找到作品实例，附录部分还有中英文快捷键对照表、123D Design模型欣赏、123D家族软件下载网址等内容。

本书适合对3D打印感兴趣的读者进行独立学习，尤其适用于各年龄阶段创客群体进行科普实验以及创新训练。

图书在版编目（CIP）数据

123D Design玩转3D打印/欧特克亚太有限公司著
. -- 北京：航空工业出版社，2016.4
（Autodesk人人都是设计师系列）
ISBN 978-7-5165-0986-9

Ⅰ．①1… Ⅱ．①欧… Ⅲ．①立体印刷—印刷术
Ⅳ.①TS853

中国版本图书馆CIP数据核字（2016）第051073号

123D Design玩转3D打印
123D Design Wanzhuan 3D Dayin

航空工业出版社出版发行
（北京市朝阳区北苑路2号院 100012）
发行部电话:010-84934379 010-84936343

北京世汉凌云印刷有限公司印刷　　　　全国各地新华书店经售
2016年4月第1版　　　　　　　　　　2016年4月第1次印刷
开本:710×1000 1/16　　　印张:15.75　　　字数:260千字
印数:1—6000　　　　　　　　　　　　　定价:58.00元
（凡购买本社图书，如有印装质量问题，可与发行部联系调换）

编委会

赵亚利　　李　洁　　赵雯娜　　庄楚池

李亚男　　赵静蕊　　戴军杰　　李东南

序

素质教育是我国教育体系中的重要组成部分。早在2006年，国务院发布的《全民科学素质行动计划纲要(2006—2010—2020年)》中，就曾经指出："促进科普宣教活动与学校创新课程、综合教学实践和科学研究学习相衔接，以适应学校科学教育的要求，是实现创新驱动发展战略的必由之路。"这本书应该称得上是对这种精神的积极贯彻和体现。

在英美等发达国家，很多学校都开设了3D打印课程。近两年来，我国的一些省市也在这方面进行了初步尝试，比如2014年，南京市就已在一些中小学试点开设了3D打印课程。青岛市在2015年，也将3D打印创新教育课正式列入全市中小学生的课程计划，3年内将实现中小学3D打印实验室全覆盖，力图构建"兴趣培养——团队建设——项目探究"的3D打印创新教育模式。2015年11月，云南省财政厅、教育厅公布消息称，安排了6820万元专项资金，分批为全省5365所中小学校配备6000套3D打印设备用于教学实验。

3D打印的技术特点，使得该类课程对于提高学生的形象思维、理解力、创造力以及动手能力都有积极作用，可以促进学生潜能的充分开发与个性的全面发展。

正是因为3D打印非常适合中小学生作为课外补充课程学习，为了推动其在教育领域的普及，在2013年1月，我就向中央提出建议："3D打印要从娃娃抓起，在全国青少年中播种10万颗3D打印创新种子"。随后，"3D打印创新教育播种"计划也被国务院及相关部委批准立项。制定了以公益捐赠为主的工作方针，面向全国一至两万所学校捐赠10万台3D打印机。截至2015年8月，已向北京、内蒙古、新疆、河北、宁夏、广东、江苏等地区200余所学校捐赠了2000多台3D打印机，培育了近万名3D打印科技小能手。

应该承认，在3D打印的技术大潮背景下，我国3D打印技术的推广与普及还与国外存在一些差距，学校是发展自主3D打印技术的沃土，一台机器放在学校里，就意味着至少有几十甚至几百个学生受益。

　　创新、创造是社会发展的前提，是社会生产力发展与社会文明发展的基础，所以让孩子们从小就培养出敢于创新、勇于创造的思想和思维是非常重要的，这种培养应该贯穿于中小学教育始终，这将为提高中国未来的科技生产力水平打下坚实的基础。

　　近些年来，随着3D打印技术发展的日新月异以及打印成本的不断降低，这种技术"飞入寻常百姓家"的日子已经指日可待。3D打印凭借着它独特的魅力，正在越来越多地融入到我们的生活之中。孩子是国家的未来，3D打印从娃娃抓起，创新教育从娃娃抓起，培养与国际接轨的复合型科技人才是全社会共同的责任。

中国 3D 打印创新培育工程组委会名誉主任
原中国航空航天部部长

2016年2月26日

第

1

部分 ｜ 3D 打印及 123D Design 基础知识

3D 打印及 123D Design 基础知识

　　有些人可能以为 3D 打印就是在电脑上设计一个模型，不管多复杂的内面、结构，摁一下按钮，3D 打印机就能打印出一个成品。这个印象其实不正确。真正设计一个模型，特别是一个复杂的模型，需要大量的工程、结构方面的知识，需要精细的技巧，并根据具体情况进行调整。

第 1 章　3D 打印入门

　　传统的制造是通过从毛坯材料上，去除多余材料的方法进行制造。称之为"减材制造"。这种方法，材料浪费严重，而且回收利用成本高，产品个性定制化困难。而作为"增材制造"的 3D 打印，采用材料逐渐累加的方法制造产品，需要多少材料就使用多少材料，将大大减少材料的浪费。3D 打印的方法缩短了产品制造的周期，让一切创意都成为可能，只要把创意变成虚拟的数字模型，3D 打印机就能将你的想法变成现实，呈现在眼前。

1.1　3D 打印的相关概念与应用

1.1.1　3D 打印的定义

　　3D 打印技术虽名为"打印"，其本质实为"制造"，随着计算机技术的日益发达，它更可实现"创造"。

　　广义上来讲，所有通过逐层叠加材料来实现从数字模型到实物的工艺（如挤出、喷射、光照等）都可以称为"3D 打印"。而在科学和工业领域里，3D 打印又被称为"增材制造"。它是一种综合了材料成形、机电控制、计算机、三维设计等学科，并高度集成光学、机械、电子技术的高新制造技术。由机械单元、控制单元和材料成形单元等子系统构成的 3D 打印机是其核心设备。

1.1.2　3D 打印的原理

　　3D 打印即快速成形技术的一种，它以数字模型为基础，运用粉末或塑料线材作为加工材料，通过逐层打印的方式来制造物体。

　　打印机根据零件的形状，读取数字模型文件中的横截面信息，每次打印一个具有一定微小厚度和特定形状的截面，然后再将各层截面以各种方式黏合起来，从而制造出立体的零件。

　　当然，整个过程是在计算机控制下，由 3D 打印机系统自动完成的。不同的 3D

打印机所用的成形材料不同，系统的工作原理也有区别，但其基本原理都是一样的，那就是"分层制造、逐层叠加"。

3D 打印流程如下：

先通过三维设计软件构建出要打印的三维模型，将模型转换成 STL 数据格式。接下来，关键的步骤就是把 STL 通过打印机自己的切片软件转化为 3D 打印机可执行的代码，然后将这些代码传送到 3D 打印机控制器，开始打印直到打印完成（见图 1-1）。

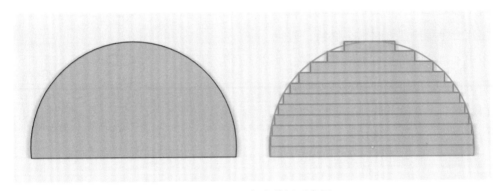

图 1-1　3D 打印分层示意图

1.1.3　3D 打印机的种类

3D 打印是一系列增材制造工艺的统称，在不同的阶段，不同的行业，甚至不同的公司由于商业目的，给 3D 打印赋予了许多名字，比如固体自由成形（Solid Free Forming）、快速原型制造（Rapid Propotyping）、桌面工厂（Desktop Factory）等。可打印的材料也是花样繁多，从金属到塑料，从树脂到陶瓷，从水泥到巧克力，现在无论是汽车、房屋还是人体器官，都有相应的打印材料，可以在配套的设备上进行制造。

随着科技的发展，3D 打印机不停地以各式各样的面目问世于我们的世界，这对一个刚开始了解 3D 打印的人来讲，会带来不小的困惑。本书为方便大家了解 3D 打印，依据不同的 3D 打印技术，将 3D 打印机分为不同的种类。

3D 打印技术具体有那些种类？

常见的主流 3D 打印技术包括：

6

（1）熔融沉积成形（Fused Deposition Modelling,FDM）

熔融沉积成形 (FDM) 工艺是在
1988 年发明的，是现在应用最广泛
的一种 3D 打印技术，目前市场占
有率超过 50%，本书介绍的 3D 打
印机就是基于此种技术。

该项技术的工艺是使用丝状线
材（如蜡、塑料、陶瓷、金属、低
熔点合金等热塑性材料）供料，利
用电加热方式将丝材加热至略高于
熔点温度，以半流动状态从喷嘴挤
出，然后迅速冷却固化，形成精确
薄层，逐层叠加，最后形成原型，
整个工艺原理如图 1-2 所示。

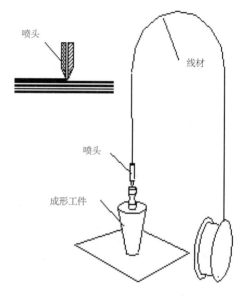

图 1-2　FDM 工艺原理图

FDM 打印机使用的材料范围非常广泛，包括塑料、陶瓷、水泥甚至一些低熔点
金属材料，但主流还是以塑料为主，目前市面上比较常见的有 PLA，ABS 等。FDM
打印机有着成本低，维护简单，成品强度高，办公室友好等优点；其缺点在于打印
速度较慢，成形表面光洁度比较差，适合对精度要求不是非常高的应用场景，图 1-3

图 1-3　经典桌面 3D 打印机 MakerBot replicator2 与其代表性打印作品

是来自著名桌面机生产厂商 MakerBot 的经典 3D 桌面打印机 MakerBot replicator2 与其代表性打印作品。

（2）立体光刻（Stereo-Lithography Apparatus, SLA）

立体光刻（SLA）又称立体光固化成形，于 1984 年发明，是最早出现的 3D 打印工艺，也是目前最流行的 3D 打印工艺之一。

这项工艺是以光敏树脂作为成形原料，这种树脂在常温下以液态存在，在紫外激光照射下会发生固化。在计算机的控制下，激光束会按指定的路径选择性地对液面固化，每层扫描固化后的树脂便形成一个精确的薄层，一层扫完后升降台下沉一个层厚，刮平器刮平液面，然后进行下一层扫描固化，并牢固地黏结在前一层上，如此重复直到打印完成。

SLA 优点是自动化程度高、成形精度较高，表面光洁度好，缺点是光敏树脂材料比较脆，强度刚度、耐热性有限，后处理工艺复杂，不利于长时间保存。适合做对外观和精度有要求的工业设计产品原型，图 1-4 是采用 SLA 打印的汽车轮胎模型。

（3）选区激光烧结（Selective Laser Sintering，SLS）

选区激光烧结（SLS）也称选择性激光烧结，于 1989 年发明，由于 SLS 不仅可以制造原型，可烧结的材料范围很广，有些材料也可以直接用于生产，是近年来发展势头很快的一种 3D 打印工艺。

这项技术的工艺是使用粉末作为成形材料，采用激光器作为能源。由计算机生成激光在 $X-Y$ 平面上每层的扫描路径，铺粉滚筒将粉末一层一层地送至工作平面上，再将粉末滚平压实，在激光的作用下粉末被选择性地烧结到基体上，每烧完一层地基体都会下降一个切片厚度，未烧结的

图 1-4　采用 SLS 技术打印的汽车轮胎模型

粉末则起到支撑作用，直至整个零件烧结完成。

SLS 中常见的打印材料有尼龙、聚碳酸酯、石蜡以及金属材料如钛、不锈钢、模具钢等，理论上说任何加热后能有一定强度黏结的粉末材料都可以使用，SLS 的优点是成形材料多，用料节省，成形不需要设计和制造支撑结构，成形件性能发布广泛，适用范围广泛；缺点是机器成本偏高、维护难、环境要求苛刻，图 1-5 是采用 SLS 技术打印的尼龙制品。

图 1-5　采用 SLS 技术打印的尼龙制品

（4）三维印刷 (Three Dimenional Printing，简称 3DP)

三维印刷（3DP）工艺是美国麻省理工学院伊曼纽尔·萨克斯等人研制的。萨克斯于 1989 年申请了 3DP（Three-Dimensional Printing）专利，该专利是非成形材料微滴喷射成形范畴的核心专利之一。

3DP 是从狭义上讲最贴合 3D 打印字面意思的。3DP 工艺与 SLS 工艺类似，采用粉末材料成形，如陶瓷粉末，金属粉末。所不同的是材料粉末不是通过激光烧结成形的，而是通过喷头喷射黏结剂（如硅胶）将零件黏合成形。具体工艺过程如下：在打印床上由铺粉滚筒薄薄一层粉末，铺平并被压实。喷头在计算机控制下，按下一建造截面的成形数据有选择地喷射黏结剂建造层面。上一层黏结完毕后，成形缸下降一个层厚的距离，供粉缸上升一高度，再次铺粉，如此周而复始地送粉、铺粉和喷射黏结剂，最终完成一个三维粉体的黏结。未被喷射黏结剂的地方为干粉，在成形过程中起支撑作用，且成形结束后，比较容易去除 (见图 1-6)。

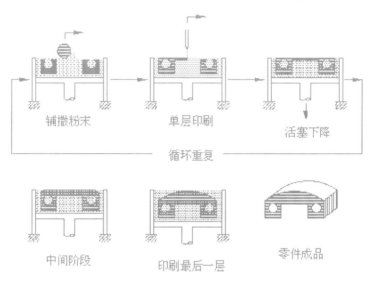

铺撒粉末　　　　　单层印刷　　　　　活塞下降

循环重复

中间阶段　　　印刷最后一层　　　零件成品

图 1-6　3DP 工艺原理图

3DP 工艺使用的材料包括金属、玻璃、石膏、砂等；优点是成形不需要支撑，通过使用彩色黏合剂，可实现真正意义上的全彩 3D 打印；缺点是用黏接剂黏接的零件强度较低，还须后处理。图 1-7 是使用 3DP 工艺一体打印的全彩模型。

（ 5 ）叠层实体制造（ LaminatedObject Manufacturing，LOM ）

叠层实体制造（ LOM ）是最古老的 3D 打印技术，最开始是用在地理沙盘和复杂型腔的生产制造上。LOM 技术的诞生为其他 3D 打印技术提供了发展基础，造就了如今繁华的

图 1-7　采用 3DP 工艺一体成形的
多齿轮配合的全彩模型

3D 打印行业。

　　叠层实体制造是根据三维 CAD 模型每个截面的轮廓线，在计算机控制下，由供料机构将地面涂有热溶胶的箔材（如涂覆纸、涂覆陶瓷箔、金属箔、塑料箔材）一段段地送至工作台的上方。切割系统（激光或刀片）按照计算机提取的横截面轮廓将工作台上的纸割出轮廓线，并将纸的无轮廓区切割成小碎片。然后，由热压机构将一层层纸压紧并黏合在一起。可升降工作台支撑正在成形的工件，并在每层成形之后，降低一个纸厚，以便送进、黏合和切割新的一层纸。最后形成由许多小废料块包围的三维原型零件。然后取出，将多余的废料小块剔除，最终获得三维产品（见图 1-8）。

　　LOM 主要使用的是箔材，单次成形能直接成形一个平面，适合加工结构简单的大尺寸零件。其优点在于工作稳定性高、模型支撑性强、成形时材料无相变、成形的成本低、生产效率高，并且可以成形全彩模型；缺点是零件外形不能过于复杂，内部不能有空洞，废料难去除、抗拉和弹性差，容易吸潮膨胀。图 1-9 是 Mcor Iris 彩色纸张 3D 打印机打印的彩色骷髅模型。

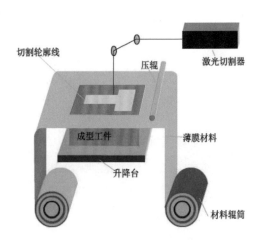

图 1-8　　LOM 工艺原理图

　　（6）其他

　　其他 3D 打印技术还包括聚合物喷射技术（Polyjet），该技术由以色列 Objet 公司（现已并入美国 Stratasys 公司）于 2000 年推出，是当前最为先进的 3D 打印技术之一，通过喷射光敏聚合物材料，同时配合喷头上紫外光照，实现固化成形，不需要层层铺设，速度快精度高，成形材料多，并且有可能发展为高精全彩 3D 打印机。

　　激光净形成形技术（Laser-Engineered Net Shaping，LENS），也是现在最先进的 3D 打印技术之一，和聚合物喷射 3D 打印机类似，LENS 也是通过直接喷射成形材料成形，不同的是，LENS 直接将激光熔化的金属喷射在指定区域成形；值得一提的是，我国在这项技术中处于世界领先水平，已经在航空航天、核电等关键

图 1-9　Mcor Iris 彩色纸张 3D 打印机打印的彩色骷髅模型

领域取得应用。

　　数字光处理技术（DigitalLightProcession，DLP），是目前成形速度最快、精度较高的 3D 打印技术，和 SLA 技术相似，DLP 也是使用光固化成形材料成形，不同的是，DLP 的固化区域在容器底部，采用高分辨率的数字光处理器投影仪来固化成形材料，由于能单次固化整个平面，并且不需要刮平成形面，生产效率比传统的 SLA 快了几十倍，是目前最有潜力的 3D 打印技术之一。

1.1.4　3D 打印材料分类

　　3D 打印材料是 3D 打印技术发展的重要物质基础，在某种程度上，材料的发展决定着 3D 打印能否有更广泛的应用。

　　3D 打印的材料最主要有工程塑料、光敏树脂、金属和陶瓷材料等；也有一些复合材料；例如尼龙和金属铝的混合材料；一些新兴的材料也在不断涌现，比如生物医学材料、食品类打印材料等，3D 打印所用的这些原材料都是专门针对 3D 打印设备和工艺而研发的，与普通的塑料、石膏、树脂等有所区别，根据不同的 3D 打印成形工艺被加工成不同的形态，其形态一般有粉末状、丝状、层片状、液体状等。

工程塑料：工程塑料是指被用做工业零件或外壳材料的工业用塑料，是强度、耐冲击性、耐热性、硬度及抗老化性均优的塑料。3D 打印通常使用强度、耐冲击性、耐热性、硬度及抗老化性均优的塑料，因此目前常用的材料有 ABS、PLA、PC、尼龙等。

ABS 是 3D 打印常用的热塑性塑料，因为拥有强度高、韧性好、耐冲击、颜色丰富等优点，正常变形温度超过 90℃，可进行机械加工（钻孔、攻螺纹）、喷漆及电镀，在行业内被广泛的应用，图 1-10 是著名 3D 打印厂商 Stratasys 的 uPrint 桌面

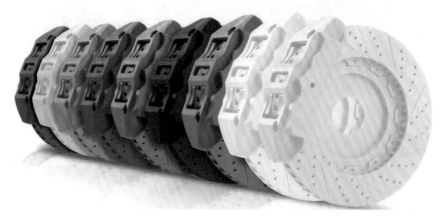

图 1-10　uPrint 桌面 3D 打印机打印的 ABS 成品展示

3D 打印机打印的 ABS 成品展示。

PLA 是一种新型的环保材料，热稳定性好、抗腐蚀性好，因为其成形难度较低，热变形量较小，没有异味、材料颜色丰富等诸多优点，目前，PLA 已经成为 FDM 型桌面 3D 打印机最常见的使用耗材，图 1-11 是一些使用 PLA 材料打印的模型。

PC 具有高韧性、高强度、抗冲击、抗弯曲、耐高温等特点，但颜色单一只有

图 1-11　使用 PLA 材料打印的模型

白色，因其强度比 ABS 高出 60% 左右，通常作为最终零部件使用，图 1-12 为使用 PC 材料打印的模型。

尼龙与普通塑料相比，在拉伸强度、弯曲强度、热变温度以及材料模量上有所提升，材料的收缩率小，热形变温度高，常在 SLS 中使用，图 1-13 是采用 SLS 技术的 3D 打印机成形的尼龙样品。

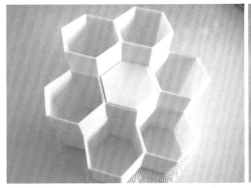
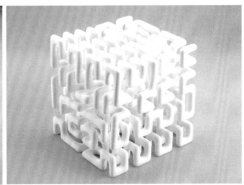

图 1-12　使用 PC 材料打印的模型　　　　图 1-13　采用 SLS 技术打印的尼龙模型

光敏树脂： 在 SLA 和 DLP 工艺中光敏树脂是主要的成形材料。光敏树脂一般为液体，由聚合物单体和预聚体组成，其中加有光敏剂，在一定波长的光线照射下能立即引发聚合反应产生固化。不同成分的树脂具有不同的特性，比如有的具有优异的刚性和韧性；有的拥有接近玻璃的透光效果。这些树脂材料的共同特点是成形精度高，适用于制造复杂、高精度的零件和模型。图 1-14 是 SLA 技术使用光敏树脂打印的一些模型。

金属： 目前，3D 打印技术逐渐应用于实际产品的制造，其中，金属材料的 3D 打印技术发展尤其迅速。金属常以粉末状态在 SLS 工艺中使用，常用材料主要有不锈钢、工具钢、钛合金、钴铬合金、不锈钢和铝合金材料，在一些特殊行业还会用到金、银等贵金属材料。其中，钛合金尤其受到重视。因为钛合金密度低、强度高、耐腐蚀、熔点高，所以是理想的航天航空材料。但是由于钛合金硬而且脆，所以不宜用切割和铸造的方式来成形；反而是由于它导热率低，在加热时热量不会发散引起局部变形，比较适合利用激光快速成形技术。用于成形的金属粉末一般要求纯净度高、球形度好、粒径分布窄、氧含量低。一些低熔点的金属和合金，还可以以丝的形态在 FDM 机器

14

图 1-14　光敏树脂打印的一些模型

中使用。另外在 LOM 工艺中经常会使用到金属箔材。图 1-15 展示的是采用激光烧结 3D 打印成形的金属零件。

其他材料： 陶瓷材料一般是陶瓷粉末和黏结剂一起使用，在加工完成后需要进

图 1-15　采用激光烧结 3D 打印成形的金属零件

行高温处理，才能获得性能较好的产品；生物材料通常是使用干细胞（干细胞是生物 3D 打印的基本单元），将干细胞附着在水基溶胶上进行打印，可制造出软骨、血管甚至器官，另外还有人造骨粉，可利用 3DP 技术制造骨骼组织；食品材料更是种类繁多，巧克力、面浆、面粉、糖等材料都用作打印。图 1-16 综合展现了一些不同 3D 打印材料 3D 打印的成形制品。

图 1-16 不同 3D 打印材料 3D 打印成形制品

1.1.5 3D 打印的优势

3D 打印通过加法制造，逐层叠加，使得 3D 打印工艺同传统的减法制造工艺相比具有了一些优势：

（1）改变了设计和生产的关系，从为生产而设计转变成为功能而设计变为可能；

（2）降低新产品开发研制的成本并缩短了新产品研制的周期，数小时之内成形，加速产品研发周期，快速迭代；

（3）能制造很高复杂度的、传统工艺无法制造的产品而不增加额外的生产成本；

（4）不需要模具，也不需要传统的刀具、夹具等工具，就能直接把计算机内的三维模型生成实物产品；

（5）可实现小批量个性化制造，无最小生产个数要求；

（6）节省原材料，产生的废料很少，材料利用率高，降低成本。

1.1.6　3D 打印的应用和前景

3D 打印有"万能工厂"的美誉，应用范围非常的广。根据 Wohlers 2015 年的报告，3D 打印前五大市场为工业设备、（电子）消费品、汽车、航空航天、医疗等，这五大应用市场占据了 80% 的市场份额；消费品 / 电子包括一系列我们生活中会用到的消费品，可以说无处不在，包括手机、家电、电脑、厨房用品、玩具、工具等，这些产品的生命周期较短，更新换代快，利用 3D 打印技术，可以快速实现产品设计更新，完成迭代，早日投入市场，取得先机（见图 1-17）。

工业领域：汽车行业是比较早应用 3D 打印的行业，在汽车研发过程中，3D 打印帮助汽车设计师快速发展产品，快速验证设计；3D 打印在汽车行业一般是用来制作原型，比方说仪表面板、各种管道、工装件，还有各种用于验证的零件模型。

航空航天领域：航空航天是 3D 打印发展非常迅猛的一个领域，这跟航空产品结

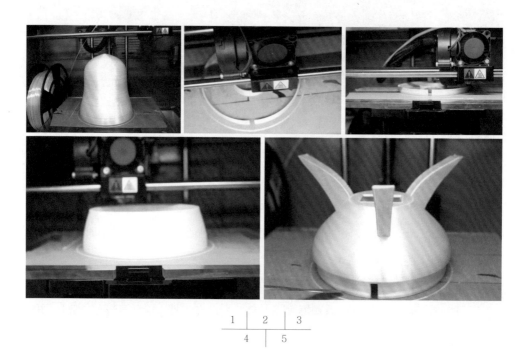

| 1 | 2 | 3 |
| 4 | 5 |

图 1-17　灯罩打印过程

构复杂、追求高的比强度（强度质量比）、相对小批量有关，这些特点都是 3D 打印的优势所在；通用航空使用 3D 打印来直接量产喷油嘴，这种喷油嘴原来需要 18 个零件组装，现在 3D 打印可以一次成形，新的喷油嘴比旧的轻 25%，使用寿命延长 5 倍，而且在设计时在内部增加了复杂的冷却通道，可以减少积炭、降低油耗、提高效率，产生巨大的经济效益。

医疗生物领域：医疗行业里 3D 打印也有非常成功的应用，3D 打印制作个性化非标准件的优势在医疗上体现得最显著；在牙科，每年有超过 2000 万副隐形牙套通过 3D 打印完成，还有上千万个牙冠、牙桥也通过 3D 打印直接生产，市场价值超过千亿；此外，3D 打印在外科手术辅助导板、植入体、多孔体都有非常多的成功案例；另外生物 3D 打印也将给我们带来更多惊喜和实惠，3D 打印的人体器官和人造血管已经出现，为人类疾病治疗，开启了一扇新的大门。

教育领域：可应用于模型验证科学假设，用于不同学科实验、教学。目前国内外的很多学校，3D 打印机已经被用于教学和科研。

食品产业：没错，就是"打印"食品。目前市面上已经有 3D 打印巧克力机器，或许在不久的将来，很多看起来一模一样的食品就是用食品 3D 打印机"打印"出来的。当然，到那时可能人工制作的食品会贵很多倍（见图 1-18）。

图 1-18　3D 打印巧克力

　　其他领域：建筑行业里一方面工程师和设计师可以通过 3D 打印获得建筑的实物模型，比传统的泡沫模型更快速、低成本和环保；另一方面，建筑用的 3D 打印机能制造出质量轻但结构稳固的建筑，这些建筑环保、成本低，建造速度也比传统人工搭建要快。科学研究中 3D 打印能用于制造科研模型，缩短研发周期。在考古上常用 3D 扫描技术扫描文物来获取 3D 模型，通过计算机对模型进行修复来复原文物，甚至还可以按比例缩放来便于研究。此外 3D 打印还可以进行个性化设计和制造，常用于珠宝、服饰、鞋类、玩具等行业。

　　3D 打印是一种创新型生产工具，目前还处于发展的青年阶段，未来 3D 打印的应用前景广阔；随着打印成本的不断降低，打印材料的不断丰富，工艺水平的不断提高，根据全球最著名的管理咨询公司麦肯锡的测算，未来将有 10% ~ 20% 的社会总物品，使用 3D 打印生产会更有优势，这将是一个万亿级别的大市场；然而 3D 打印的核心价值不在于取代现有的产品或生产方式，而在于释放一种新的设计能力，完成从为生产而设计到为功能而设计，未来将会出现一批新的设计，使用更少的材料，达到更高的强度，实现更多功能，更加环保可持续。

1.1.7　3D 数字模型的获取方式

　　3D 打印目前所采用的主要的文件格式为 STL 文件格式，由三角形面片的定义组成，每个三角形面片的定义包括三角形各个定点的三维坐标及三角形面片的法矢量。图 1-19 可以看出 STL 模型文件的三角面结构。

　　3D 数字模型是 3D 打印机的粮食，没有 3D 数字

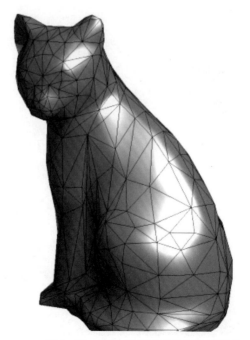

图 1-19　STL 模型文件的三角面结构

模型，3D 打印就没有基础原料。3D 数字模型有三大来源。

（1）通过 3D 软件设计。3D 设计软件是 3D 数字模型产生的最大来源，你可以通过这些软件能将想法变为实体，如 AutoCAD、Inventor、ProE、Solidworks、Unigraphics 等 CAD 类建模软件可以创建数据精准的模型；Maya、3D Max、Rhino、Zbrush 等艺术类建模软件可以设计偏形意的模型。对于新手来说，可以选择从 123D 产品家族的 123D Design 开始入门，而后根据需要再转向功能强大的专业软件。

（2）通过三维扫描（逆向工程一个最重要组成部分）。三维扫描是通过对物品的表面位置空间坐标的捕捉而获得三维数字模型的方式。三维扫描可以辅助快速完成逆向工程，可以加快三维设计；三维扫描仪近年来也大步发展，逐渐小型化、精细化，在可以预见的未来，移动设备将带有三维扫描功能，配合 3D 打印机来使用，将大大促进 3D 打印的发展；图 1-20 展现了一款 Artec 公司生产的 3D 扫描仪的使用方式：手持 3D 扫描仪绕物体一周，此时扫描仪获得物体的空间信息，包括深度和颜色，深度信息用来确定物体表面每一个点在空间中的位置，颜色信息用来记录每一个点的色彩。

图 1-20　使用 3D 扫描仪扫描获取模型数据

（3）在线 3D 数字模型库。随着互联网的发展，创客和开源运动的兴起，在线 3D 模型库也随之兴起，大家在网上分享 3D 数字模型，使得没有 3D 建模经验的人群也可以方便使用 3D 打印机来打印心仪的 3D 模型。目前比较流行的模型库，国外有 www.thingiverse.com、www.123dapp.com 等，国内有魔猴网、意造网等。

1.2 FDM 3D 打印机的原理

FDM（Fused Deposition Modeling）即熔融沉积技术，主要以 ABS 和 PLA 塑料为原材料。将丝状材料在喷头内加热熔化，打印机控制器读取代码路径，在 X-Y 平面上喷头沿着零件截面轮廓和填充轨迹运动，同时将熔化的材料通过进料机构挤出，材料迅速冷却凝固，并与周围的材料凝结，形成物体的一层截面。一层成形后喷头在 Z 方向，向上移一层高度，重复进行下一层，这样逐层堆积形成三维物体（见图 1-21）。

在 3D 打印技术中，FDM 打印机的结构最简单，制造成本和材料成本较低，用于中、小型工件的成形，是桌面型 3D 打印机中使用最多的技术。

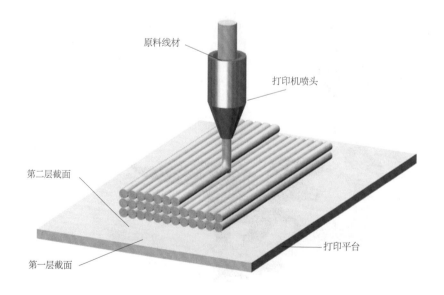

图 1-21　FDM 3D 打印机原理图

1.3　3D 打印机基本结构

1.3.1　基本结构组成部件

目前，市面上各式各样的 3D 打印机眼花缭乱，外观也各有特色。但是，其基本的机械结构都大同小异。对 3D 打印机的使用者来说，全面了解打印机的机械机构对使用过程中的故障排查等都大有帮助。作者将以最普及的 3D 打印机机型，分析其基本的结构组成部件。

(1) 机体框架：机体框架是各款打印机之间的最大差异的地方，共同的原则是满足结构的刚性强度。常见的是矩形机体结构，用来固定电源、控制电路、步进电机、控制电路等部件。

(2) 机械轴：机械轴就是 XYZ 轴运动的部件，XYZ 三个轴互为直角，X 轴、Y 轴通常是由步进电机带动传动带来定位，Z 轴则是由丝杠控制位移。

(3) 控制电路：控制电路是整个 3D 打印机的"大脑"，基本结构是由单片机、步进电机驱动、控制喷嘴热床的场效应管还有各种外出接口构成。通过控制电路将处理后的三维模型文件转换成 X、Y、Z 轴和喷头步进电机数据，交给步进电机控制电路，然后让步进电机控制电路控制输出喷头在 XY 平面上移动、底板在垂直方向移动和喷头的供料速度，精确地将原料融化后一层一层地喷出，最终构建出实体模型。

(4) 进料挤出机：步进电机直接驱动挤丝轮进行挤丝，喷头与挤出机之间的距离较短，这种结构最简单且易维护，是最常见普及的挤出机结构。但是，有些 3D 打印机，为了提高精度加快打印速度，会尽量减轻喷头的重量，将喷头和挤出机之间的距离拉长，挤出机后置放在机身上，喷头到挤出机之间通过导管连接。

1.3.2　进料挤出机结构

在使用过程中，最常见的问题就是打印头堵塞，由于耗材问题、操作不当、进料时打滑等都有可能引起出丝故障。这里将着重介绍最常见的挤出机结构，分析其组成部件和工作原理，帮助读者排查故障并解决问题。如图 1-22 所示，步进电机、挤出机、风扇、散热片和喷头集中在一起，形成整个前置装置。

要探究挤出机的工作原理，先把前面的风扇和散热片拆下来，能清楚地看到整

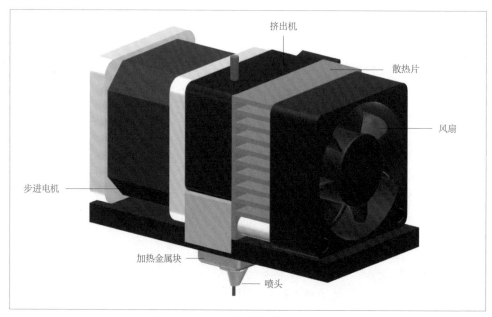

图 1-22　FDM 打印机进料挤出机结构

个挤出机结构。松动风扇底部的两颗螺钉，卸掉风扇和散热片即可，步进电机和挤出机构是结合在一起的，可以拿着步进电机将整个装置卸下来仔细观察挤出机构（图 1-23）。

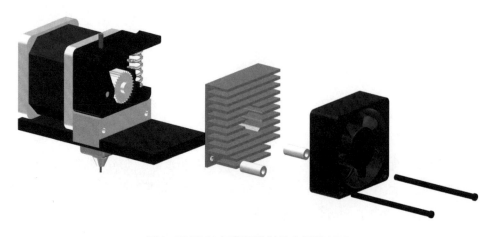

图 1-23 FDM 打印机进料挤出机装配图

进料挤出机构主要由进料齿轮和一个卡紧装置构成。卡紧装置包括 L 形框架、滚动轴承和弹簧，在 L 形框架的拐角处用螺丝固定使其可以绕拐角点转动，原材料从 L 形框架上的进料孔插入至轴承和进料齿轮之间，另一侧的弹簧承受压力后通过反作用力带动 L 形框架，将线材在轴承和进料齿轮之间卡紧。

进料齿轮直接安装在步进电机上，步进电机带动进料齿轮做逆时针转动，摩擦线材向下送料进喷头实现进丝；步进电机带动进料齿轮做顺时针转动，摩擦线材向上将线材拉出喷头实现退丝（图 1-24）。

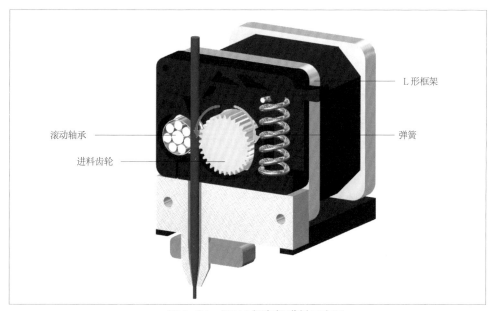

图 1-24　FDM 打印机进料示意图

1.4　3D 打印参数设置

常见的 FDM 桌面级 3D 打印机工作原理基本都是一样的，但是如果在切片时设置的参数不同，打印后的效果可能截然不同。而且，不同品牌的 3D 打印机会有专门供自己打印机使用的切片软件，或者使用开源切片软件来生成 G 代码。从软件界面上用户只能看到几个重要的参数，有的切片软件也暴露了更多的参数给用户，但是对于初级用户过多的参数反而增加烦恼，几个重要参数就足够用了。

在逐个介绍这些参数之前，先来研究一下打印成形物体的形态。如图 1-25 所示，3D 打印形成的物体并不完全与实际生活中的物体一样。生活中的一个塑料小方块内部是实心的，而 3D 打印形成的塑料小方块，内部既不是实心的也不是全空的，而是由指定的填充形状有序的排列而成，实际上是由一个封闭外壁轮廓包裹着排列有序的一组填充材料。

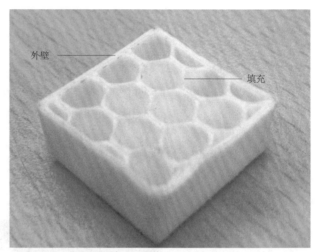

外壁

填充

图 1-25　FDM 打印品内部结构

接下来，以单喷头 3D 打印机为例介绍几个主要性能参数：填充、温度、速度、层高、外壳数、基底、支撑。这些参数影响到打印物体的质量，同样也影响到打印时间的长短。切片软件都会为填充、温度、速度、层高和外壳数提供默认的参数设定，一般来说刚开始的默认参数是比较稳定的。然而，基底和支撑这两个参数，需要根据所打印模型的形状需要进行设置。

1.4.1　基本参数设置

(1) 填充

决定填充的有两个参数：填充形状和填充率。有的打印机切片软件中固定了一种填充形状，六边形填充或线性填充，在有的切片软件中填充形状也是可选的。填充率为打印物体内部要填充材料的百分比。0% 将只打印外壁，内部没有任何填充物，顶部很难封顶会出现孔洞；100% 即所有空间都密集填充，将打印出一个实心的物体。填充率的大小会影响打印时间的长短，也会影响打印物体的强度，对于比较薄或细的物体，适当的增加填充率，可以增大其强度。如 1-26 所示，两种不同的填充形状和填充率的变化。

(2) 外壳数

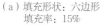

（a）填充形状：六边形　　　　　　　　　（b）填充形状：线性
　　　填充率：15%　　　　　　　　　　　　　填充率：30%

图 1-26　FDM 填充率对比

外壳数决定了打印物体的外壁厚度。外壳数越小，外壁厚度越小，打印物体更容易在外壁出现破损；外壳数越大，外壁厚度越大越坚固，但是相应的打印时间也会变长。

(3) 层厚

层厚即每一层打印的厚度，也就是打印平台在 Z 轴下降单位高度。一般打印机的层厚设置范围为 0.1~0.4mm，有的甚至可以达到 0.05mm。如果比较在意打印物体的表面光滑度，且模型表面重要细节较多，可以考虑使用较小的层厚。否则，默认设置 0.2mm 的层厚足够打印出高质量的物体。

层厚的变化将改变高度方向上的打印层数，同样影响打印时间。模型高度没变的情况下，层厚小则增加打印层数，打印时间会变长；层厚大则减少打印层数，时间会缩短。

另外，对于两端有支点的悬空结构，层厚比较大的设置，在搭桥时能较好地保持结构完好；层厚小的设置，能容忍的悬空跨度较小。

(4) 温度

通常指喷头需要加热的温度，由不同的打印耗材决定。而且，各个材料厂商在生产耗材时的配比不同，打印温度也会相差很多。在拿到一家新厂商的材料时，可以设置不同的温度值进行测试，寻找比较合适的打印温度。但是，同一种材料也不一定用同一个打印温度。比如，同一批次的 PLA 线材，不同的颜色打印温度也是不同的，温度的设置与最终的打印效果有直接关系。温度太低，则无法将熔化后的线材从喷头挤出，卡在喷头处无法出丝造成堵头；温度太高，耗材熔化挤出后无法很快凝固，下面一层还没有完全变硬，新的一层已经挤出，影响下面一层的形状。

除了喷头的温度，还有打印平台温度。有的打印机厂商为了使打印物体更加牢固地黏在打印平台上，会在打印前对打印平台底部加热。平台的加热温度视材料的不同而不同，ABS 打印时平台加热温度为 90~110℃，PLA 打印时平台加热温度为 70~80℃。平台温度太低，耗材的黏性不够会造成打印物体在平台上黏不牢，出现翘边，甚至从打印平台上脱落移位，最终打印失败。

(5) 速度

在 3D 打印中有两个速度：打印速度（也叫进给速度）和空走速度。打印速度即有线材从喷头挤出打印物体时，喷头的行走速度；空走速度即从一点走到另一点时，无线材从喷头挤出时，喷头的行走速度。一般来说，空走速度大于打印速度。

打印速度会直接影响打印时间和质量，选择速度主要根据模型表面的形状判断，如果模型比较方正且没有非常细小的部件，可以选择更快速打印；如果模型细节较多且尺寸较小，适当地降低打印速度。虽然降低打印速度，可以让打印时有足够的时间冷却，使模型打印得更好，但是牺牲了宝贵的时间。

1.4.2　基底和支撑

(1) 基底

打印的第一层至关重要，如果第一层处理不好，将导致打印失败或从打印平台上分离下来。由于打印平台的频繁升降，在打印时必须将打印物体牢牢地黏在打印平台上，那么就需要先打印基底，通常会以极慢的打印速度和更多的挤出材料打印出 3 ~ 5 层的厚度作为基底。基底完成后，在基底上进行模型部分的打印。打印完成后，地基可以从模型底部剥离下来，并且不会破坏模型的结构完整性（图 1-27）。

但是，基底也常常带来更大的麻烦。比如，基底与模型底部平面黏得太牢，无

法轻松剥离，或者剥离后在模型底部
留有残余。所以，基底可酌情设置。
如果模型与打印平台接触平面较大的
话，可不用设置基底。当模型与打印
平台接触的平面较小时，增加基底可
以让模型在打印过程中不会从打印平
台上脱落扭曲。

(2) 支撑

从力学角度分析，立体物体能够
存在，有垂悬结构的部分是需要有支

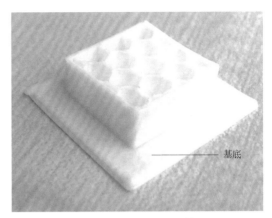

图 1-27　FDM 打印基底

撑结构的。由于 FDM 技术是将截面逐层堆叠的打印方式，从下而上一层层堆叠，所以
在打印悬空结构时，必须要有支撑结构为模型提供支撑。但是，去除支撑很费时费力。

如图 1-28 所示，支撑的形状有两种：树状支撑和线性支撑。线性支撑是各个切
片软件中使用最多的一种，软件一般会根据模型表面的角度自动添加支撑结构。对
比两种形状的支撑，打印同一个模型树状支撑将使用更少的耗材，但是如果支撑太

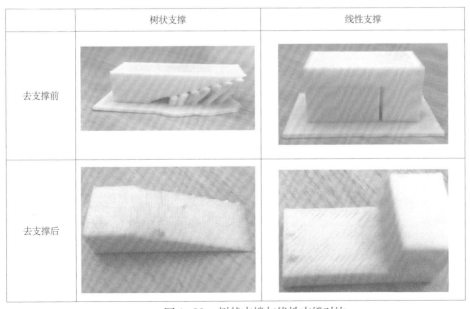

	树状支撑	线性支撑
去支撑前		
去支撑后		

图 1-28　树状支撑与线性支撑对比

长打印过程中容易断掉或扭曲，而且在去除支撑后会在模型接触表面残留耗材凸点，适用于曲面结构较多的模型；线性支撑打印稳定不易断裂，但是会耗费大量线材，与支撑接触的平面无法紧密排布，因此适用于一端支点完全悬空成 90° 的方正结构。

1.5　3D 打印数据准备

无论使用什么样的 3D 打印机，都需要将 STL 三角面片文件切片处理，得出轮廓和加工路径，形成 G 代码文件进行保存。3D 打印机读取 G 代码路径，将虚拟模型变成实物。

那么，虚拟的三维模型从何而来？就需要三维设计软件 CAD 的帮助，掌握一款三维设计软件，自己动手构建模型将更能体会到 3D 打印个性定制的魅力。

作者根据多年经验，总结出以下原则，教你如何设计模型能打印出高质量的物品。

第一，从设计方面考虑。

(1) 尽量不要使用支撑结构。

虽然，支撑的算法在不断改进，添加支撑可以打印出任何形状的物体，但是支撑材料在去除后仍然会在模型接触表面留下印记，而且去除支撑的过程很费时费力。在设计时就将打印因素考虑进去，在没有打印支撑的条件下设计模型，这样可以直接打印出高质量的物体。

设计模型时，对垂悬部分做平滑过渡。如图 1-29 左侧图所示，L 形的短边完全悬空没有任何支点，直接打印就必须添加支撑。然而，即使添加支撑打印成功，在使用中有可能在 L 形拐角处发生断裂。那么，对于这样的模型，设计时可以在拐角处做平滑处理增加圆角（如图 1-29 右侧图所示）。如此一来，打印就不需要加支撑结构，而且还增加了拐角处的强度，不会发生断裂。

如图 1-30 左侧图所示，两端有支点且跨度较大的悬空结构，在搭桥时无法保持结构完好。同样，如果添加支撑打印，使用中也可能在两端的拐角处发生断裂。那么，就需要在两端的拐角处都做到角平滑过渡（如图 1-30 右侧图所示），这样缩短了搭桥的跨度，不需要加支撑结构就可以直接打印，而且还增加了两处拐角的强度。

(2) 选择合适的公差设计连接件。

公差的选择是建立在大量的测试基础上的，而且不同品牌的机器所允许的公差也不同，使用不同的材料也会存在差异。最好是选择一个连接件，用同样的公差，可以从 0.2mm 的公差开始，分别在不同的打印机上进行打印，记录下打印结果。测试连接处是否能活动，以及活动的松紧度。能自由活动的，就以 0.2mm 的公差作为参考标准；不能活动的，增加公差到 0.3mm 继续在同一个打印机上做测试，直到连接件能自由活动为止，将这个公差值定为此特定机器的参考标准。

不同的连接方式，所使用的公差值也不同。0.2mm 的公差对于一些连接来说是紧密接合，但是对于另外一些连接方式来说可能就太宽松了。

本书最后一章，将详细介绍常用的集中连接件的设计和公差测试结果。

(3) 设计尺寸不要超出打印机的极限值。

打印机的极限值包括最大值和最小值。最大值即打印平台的尺寸，模型设计时一定不能超过打印平台的许可尺寸。虽然，在切片软件中打开后还可以对模型进行

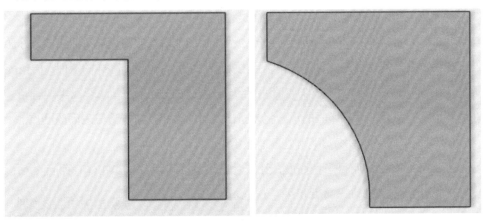

图 1-29　通过曲线过度避免使用支撑

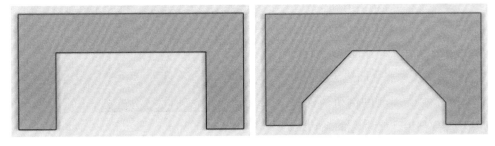

图 1-30　通过倒角过度避免使用支撑

缩放，但是缩放后所有的尺寸都将发生变化。特别对于连接件来说，一定要精确地设计尺寸才能组装成功，在切片软件里的缩放使原来设定好的公差变得不精确，打印成品将无法达到预期的组装效果。

最小值就是打印机喷头所能画出的最小直径。打印机挤出的线材是有宽度的，称之为线宽。比如，用一支笔尖直径为 2mm 的马克笔在纸上画一条直线，这条直线的线宽就是 2mm。再试着用这支马克笔在纸上画一个最小的圆，要求线宽之间没有重叠部分，那么这个圆的直径将是 4mm。同理，线宽的大小是由喷头直径来决定的，大部分打印机的喷头直径是 0.4mm，那么打印机所能画出的圆最小直径就是 0.8mm。注意到了这个变数，在设计模型时最小尺寸一定不能小于线宽的两倍。

(4) 对尖锐的棱角做平滑处理。

对尖锐的棱角做平滑处理，会让僵硬的线条变得柔和，提高表面质量。棱角太分明的模型总是让人感觉呆板，适当地对这些棱角做平滑处理，让模型看起来更美观，线条处理更柔和，更重要的是打印品会更光滑。

比如，仍然以线宽为 2mm 的马克笔为例，在纸上两条成尖锐直角的线段，你会发现在拐角处外侧无法形成尖锐直角，且内侧线宽之间有重叠。同样的道理，0.4mm 的打印机喷头，在画出两条成尖锐直角的线条时，在外表面将无法形成尖锐直角，在内侧也会有重叠，而打印时的重叠将是挤出线材的堆积，可能造成表面的凸点。

(5) 对模型底平面边缘做平滑处理消除裙边。

校准打印平台，调整平台高度，让平台贴近喷嘴可以让打印物体在平台上粘得更牢。第一层挤出材料在喷嘴和平台之间受到积压时，会产生裙边向外扩张，使打印尺寸不准确，设计好公差的连接件无法插入空洞内。要避免这样的结果，可以在与打印平台接触的模型底平面边缘进行平滑处理，做 0.5mm 的倒角消除打印裙边，保持设计尺寸的准确性（图 1-31）。

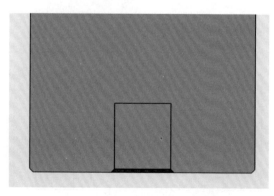

图 1-31　通过倒角避免打印裙边

第二，从打印方面考虑。

(1) 调整打印方向，正确摆放模型。

模型的正确摆放，对于打印效果非常重要，不仅使打印表面光滑，而且节省打印时间。

比如，类似金字塔形状的模型，如果将面积小的一端向下进行打印（如图 1-32 左侧图所示），不仅需要添加大量的支撑结构，浪费时间且打印效果差。反之，将

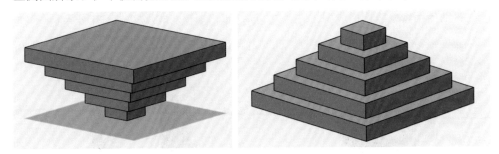

图 1-32　选择大面积一端作为底面

它倒过来面积大的一端向下接触打印平台，则不需要任何支撑结构，打印效果会更好。

细长结构的模型，直立打印浪费时间，还容易歪倒，造成打印失败。除非，想要测试打印机 Z 轴螺纹杆的稳定性。否则，还是将它倒下来，躺着打印更稳定，且节省时间（图 1-33）。

图 1-33　选择合适的 Z 轴方向

(2) 监控打印过程，检查耗材丝盘。

从市场上购买的线材，大多都杂乱无章地排布在丝盘上，线圈相互交叉，打印时经常出现不出丝的问题，往往不是喷头和挤出结构的问题，而是因为线材在丝盘上缠绕造成卡丝，进料齿轮无法拉动丝盘，无丝可送导致打印失败。所以，为了避免打印半途而废，随时监控打印过程，关注丝盘动向是很有必要的。

第 2 章　123D Design 介绍

2.1　什么是 123D Design

Autodesk 公司推出的 123D 系列家族软件，都具备功能强大、简单易用的特点，旨在帮助使用者快速构思成型，并通过 3D 打印将梦想变成现实。123D Design 作为一款桌面级应用软件，通过简单直观的操作界面以及丰富的预定义形状体块，使得用户可以自由的建造模型（见图 2-1）。

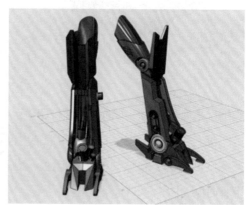

图 2-1　123D Design 模型实例

123D Design 最核心的目标受众是设计爱好者和业余爱好者，他们往往不想花太多时间去接受专业软件培训，而渴望一个简单、直观的软件，甚至不需要具备建模背景就能上手完成设计。123D Design 抓住了用户的心理，利用现有的模型，而不是从一个空白的画布开始，迫使用户绘制草图。从体块开始建模，通过堆砌组合"搭积木"式的建模方法，降低了学习难度。但是，123D Design 并没有放弃二维草图绘制。同时也融合了传统建模软件的二维草图、编辑、调整等功能，构建更为精确的复杂设计。

除此之外，支持导入 SVG 矢量曲线图作为二维草图，对软件中有限的草图工具加以补充；与 OBJ 网格模型之间的无缝连接，对网格模型的自由编辑，可以让更多的模型在 123D Design 里为使用者所用。

具有大量微小细节的机器人，曲面复杂的吹风机等，这样的模型都不在话下。

123D Design 软件可直接从 www.123dapp.com 上下载。只需登录该网站，根据自己所使用的系统类型（Mac 系统、Windows 32 位或 64 位），选择对应的版本下载安装即可开始使用。

2.2　123D Design 界面

安装完毕后，打开软件，先来熟悉下 123D Design 的界面（见图 2-2 ～图 2-4）：

(1) 主工具栏 —— 所有建模所需的工具。从左至右包括这些子菜单：变换工具栏（Transform）、基本形状工具栏 (Primitives)、草图工具栏 (Sketch)、构建

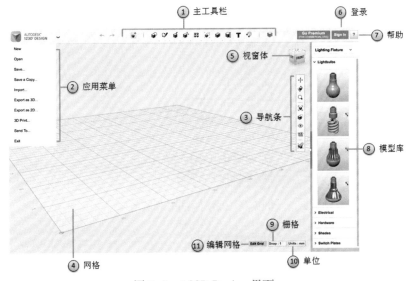

图 2-2　123D Design 界面

工具栏 (Construct)、修改工具栏 (Modify)、阵列工具栏 (Pattern)、编组工具栏 (Grouping)、合并工具栏 (Combine)。

(2) 应用菜单 —— 对文件的操作工具。

(3) 导航条 ——对场景的操作和设置。

(4) 网格 —— 用于放置构建模型的平面。

(5) 视窗体 ——用于改变场景视角，点击不同的边、角和面，从不同角度观察模型。

(6) 登录 —— 登录账号从云端服务器获取模型。

图 2-3　123D Design 应用菜单

图 2-4　123D Design 导航条

(7) 帮助 —— 获得关于软件的帮助信息。

(8) 模型库 —— 从中选取已经完成的模型，在软件中进行再设计。

(9) 栅格 —— 为精确建模指定鼠标移动步距。

(10) 单位 —— 设置模型单位。

(11) 编辑网格 —— 设置网格平面大小。

2.3　快速入门

当你面对各种各样不同的三维设计工具时，最基本的当然是要知道它们能用来做什么。123D Design 包含了两种建模方法：

(1) 参数化的基本体，即 primitives。包含了一些最常用的物体形状。

(2) 运用拉伸、扫掠、旋转、放样和布尔运算等编辑工具创建实体。

2.3.1　直接建模

123D Design 这种从体块开始通过堆砌组合"搭积木"式的建模方法，称之为"直接建模"。那么，什么是直接建模？

这意味着，你可以随时编辑任何对象的面和边，并且每一步结束之后，实体模型将重新计算。举例来说，当你让两实体之间相减得到结果后，回去的唯一办法是撤销。你无法访问和编辑原始对象来改变相减的结果，因为原始对象已经不存在。这是与参数化建模软件最本质的区别。

对入门级用户来说，直接建模让建模过程变得更简单。

2.3.2　封闭轮廓线

在现实生活中，我们所看到的物体都是有厚度的。而传统的建模更多地关注了视觉效果，模型中包含了许多的面片，它们没有厚度甚至没有完全封闭，这样的模型通常不能被 3D 打印出来。

123D Design 设计模型的主要目的是 3D 打印，或者使用其他制造方法加工成形。如果拉伸一个开放的轮廓线生成没有厚度的面片，将构建出不适合 3D 打印的模型，为成形过程带来障碍。

所以，123D Design 只能对封闭轮廓线做拉伸、扫掠、旋转、放样。

2.3.3　实体模型和网格模型

三维建模解决方案通常会得到两种不同类型的模型：B-REP 实体和网格模型（见图 2-5、图 2-6）。重要的是要了解两者之间的区别，因为它会帮助用户更好地理解 123D Design。举例说明，如果你在 123D Design 里，通过拉伸一个圆形的二维草图构建了一个圆柱体，可以看到它的表面是非常光滑的，而且尺寸会很精确。

当你使用构建网格模型的软件（比如，3ds Max），构建一个圆柱体，它的表面并不是那么光滑，甚至可以看到圆柱面是由一些很小的面拼接而成。当然，你可

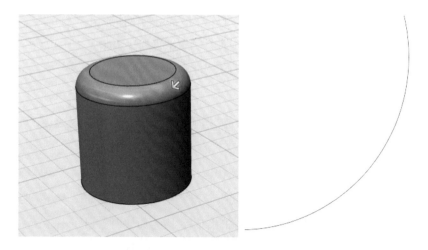

图 2-5　B-REP 实体的圆柱

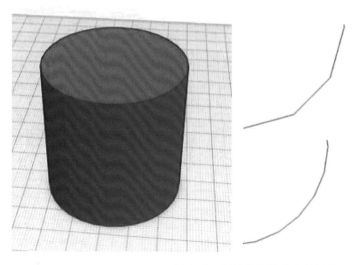

图 2-6　网格模型软件中的圆柱

以通过增加网格的分辨率使其更接近真实，但是当面对巨大的模型时，会大大降低系统的处理速度。图 2-6 的两幅图分别显示圆柱体网格分辨率用 12 和 24 的剖面图。

　　123D Design 也已经引入了网格模型，一定程度上允许与网格模型之间做交互操作。也就是说，并不是所有对实体模型可以做的操作，对网格模型都可以做。以【倒圆角】（Fillet）工具为例。圆角可以被定义为：通过对两个或两个以上相邻的面增加半径混合，从而得到一个平滑的边缘。对于实体模型，这是一个非常简单的操作，因为有两个面形成的一条边。再次以圆柱体为例，对于一个网格模型的圆柱体，它的边缘将是无数个段的集合，将有多个面汇聚在那里。更糟糕的是，在某些情况下三角形面片汇于一个顶点处。这时，对边缘做【倒圆角】（Fillet）就变得更加复杂。

在 123D Design 中，可以直接创建 B-REP 实体，也可以导入 SAT、STEP 和 SMB 文件。你还可以插入包含实体的 123dx 文件。

123D Design 支持网格模型的导入，它可以是 STL 或 OBJ 格式。并且可以对实体和网格模型之间做【合并】（Merge）、【相减】（Subtract）操作，你还可以对网格模型做移动、旋转和缩放。

这些命令将只作用于 B-REP 实体：倒圆角、倒斜角、分离面、分离实体、拉伸、扫掠、旋转、放样、拖拽和抽壳。如果要对网格模型执行这些操作，你需要将其转换成实体。

123D Design 中将网格模型转换为实体的功能，会尝试优化网格然后再转换成实体建模。例如，所有共面的三角面片形成一个面，那么这些三角面片将会被优化，在转换后的实体中为单个面。因此，这让你有机会做【倒圆角】（Fillet）操作以平滑边缘。但是，如果被转换为实体的对象是非平面的，最终会得到一个由许多三角形组成的实体，这将失去转化为实体的首要价值。

第 3 章　主要功能介绍

3.1　使用基本形状开始建模

开始设计最简单的方法就是使用基本形状，通过堆砌的方式添加或切除创建新实体。拖拽一个基本形状到当前场景，在放置到场景里之前从属性栏里编辑参数，改变大小尺寸。当点击一个基本形状后，预览实体会跟随鼠标移动，并且在拷进已存在物体的平面、边或点的时候，鼠标会被自动吸附，使基本形状的底面中心点与其对齐。

添加基本形状：

- 从顶部工具栏主菜单【基本形状】（Primitives）下，选择要插入的形状；
- 在底部属性框中，输入决定形状的参数；
- 点击网格平面或实体平面，放置到网格或实体平面上。

3.2　从草图特征开始构建实体

从草图特征创建实体模型，首先要绘制草图，然后使用【拉伸】（Extrude）、【扫掠】（Sweep）、【旋转】（Revolve）或【放样】（Loft）工具生成三维实体。

3.2.1　绘制草图

在 123D Design 中，混合了传统建模软件中的草图绘制，如 AutoCAD，参数化建模产品 Inventor，甚至 Fusion 360。但是，它们之间存在差异。当用 AutoCAD 绘制草图时，所有的元素都在同一个空间，以及任何共面的草图轮廓都可以通过挤出、扫掠、旋转或放样操作生成三维模型。而在 Inventor 和 Fusion 360 中，有"草图模式"的概念。装配的每个部分都有它自己的草图，可以复制出草图的一部分，但同一个草图模式基本上只有线段可以相互之间进行交互。所以，你需要用四条线段，形成一个封闭的正方形，但如果其中有一条线不是在同一个草图模式下，将无法形成正方形。

123D Design 有一个隐含的草图模式。在开始绘制草图之前，先点击想要与其形成闭合轮廓的草图线条，才能使新绘制的线段与已有的线段在同一个草图轮廓中，将其变成它的一部分。如果在开始前没有点击已有线条确定在同一草图平面，即使肉眼看到几条线都共面，也并不意味着它们会在同一个草图中，将无法形成封闭轮廓。如图 3-1 中的两个三角形，图 3-1 左侧图中的三角形草图看似三条直线组成了一个闭合三角形轮廓，但是它并不是一个闭合草图轮廓，无法使用特征构建实体。图 3-1 右侧图中的三角为闭合三角形，被草图线圈起来的区域会显示透明蓝色。

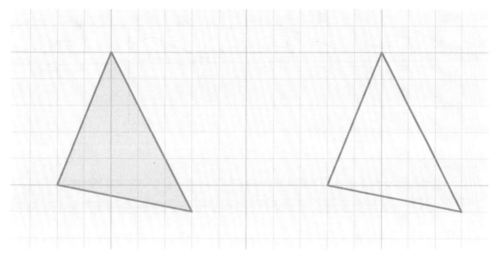

图 3-1　判断是否为闭合草图轮廓

123D Design 不仅有三维的基本形状，而且还有预定义的二维草图轮廓。有两种方法绘制二维草图：直接添加二维预定义草图形状，或者使用草绘工具自由绘制草图轮廓。

绘制矩形草图：

· 从顶部工具栏主菜单【草图】（Sketch）中，选择【草图矩形】（Sketch Rectangle）。

· 点击网格平面或实体平面作为草图平面，进入草图模式。

· 在平面上点击确定第一点位置。

- 移动鼠标拖出矩形区域，使用 Tab 键切换激活尺寸输入框。

- 点击平面确定第二点位置，完成矩形草图绘制。

- 点击屏幕上绿色钩，退出草图模式。

3.2.2 编辑草图

创建草图圆角：在同一草图平面上，两条直线的相交处创建指定半径的圆弧（见图 3-2）。

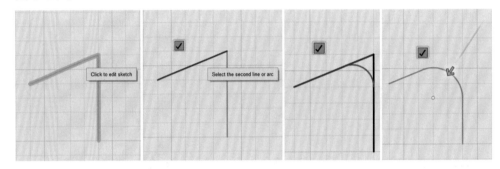

图 3-2　创建草图圆角

- 从顶部工具栏主菜单【草图】（Sketch）中，选择【草图圆角】(Sketch Fillet)。

- 移动鼠标到要创建圆角的草图上，如果草图可供选择会显示高亮。

- 单击选中显示高亮的草图。

- 点击要创建圆角的第一条直线。

- 将鼠标悬停在第二条直线上，圆角预览会显示红色。单击选中第二条直线。

- 在底部属性框中输入数值，或者拖动箭头更改圆角半径大小。

- 按 Enter/Return 键，或者鼠标左键任意点击工作区域空白处，结束命令。

修剪草图：删除两点之间的线段。如果不存在交点，则会删除选定的整条曲线（见图 3-3）。

- 从顶部工具栏主菜单【草图】（Sketch）中，选择【修剪】（Trim）。

- 移动鼠标到要修剪的草图上，如果草图可供选择会显示高亮。

- 单击选中显示高亮的草图。

- 将鼠标悬停在草图线上，修剪预览会显示红色。
- 点击会删除线段，可继续点击要修剪的草图线。
- 按 Enter/Return 键，或者点击屏幕上绿色钩，结束命令。

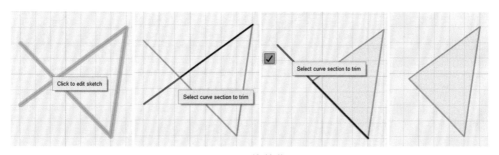

图 3-3　修剪草图

延伸草图：将选定的草图线延伸到下一个交点处（见图 3-4）。

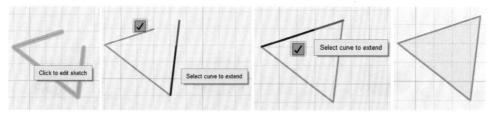

图 3-4　延伸草图

- 从顶部工具栏主菜单【草图】（Sketch）中，选择【延伸】（Extend）。
- 移动鼠标到要修剪的草图上，如果草图可供选择会显示高亮。
- 单击选中显示高亮的草图。
- 将鼠标悬停在草图线上，延伸预览会显示红色。
- 点击会将线段延伸至下一个交点处，可继续点击要延伸的草图线。
- 按 Enter/Return 键，或者点击屏幕上绿色钩，结束命令。

偏移草图：复制草图线或封闭轮廓，到距离原始位置指定偏移距离的位置（见图 3-5）。

- 从顶部工具栏主菜单【草图】（Sketch）中，选择【偏移】（Offset）。
- 移动鼠标到要偏移的草图上，如果草图可供选择会显示高亮。

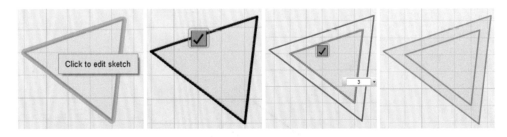

图 3-5　偏移草图

· 单击选中显示高亮的草图。

· 点击要偏移的草图线或轮廓，并移动鼠标，偏移预览会显示红色。

· 在尺寸输入框中输入偏移距离，或拖动鼠标指定偏移距离。

· 按 Enter/Return 键，结束命令。

投影：将选定的草图或实体对象投影到选定的平面上创建二维草图（见图 3-6）。

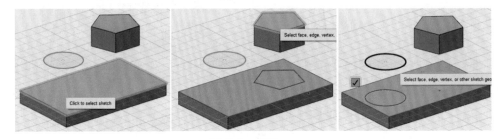

图 3-6　投影

· 从顶部工具栏主菜单【草图】（Sketch）中，选择【投影】（Project）。

· 选择网格平面或实体平面作为投影平面。

· 单击选中显示高亮的草图。

· 鼠标悬停在要投影的草图轮廓线，或者实体平面/边上，投影预览会显示红色。

· 点击选中投影对象，可继续点击要投影的对象。

· 按 Enter/Return 键，或者点击屏幕上绿色钩，结束命令。

3.2.3　阵列草图

按照行排列或环形排列的方式，复制选定的草图对象。作为阵列的一个特例，镜像允许选择的草图对象，复制到选定镜像线等距的另一侧。对草图的阵列工具，只有当选中草图对象时，才会在鼠标下方的快捷菜单里出现。当阵列一个封闭草图轮廓时，需要将构成封闭轮廓的所有线条都选中，否则将只阵列开放的线条。

在进行阵列或镜像时，选定的草图对象需要跟阵列中心点或轴在同一草图平面上。也就是说，当绘制了想要阵列或镜像的草图对象，开始绘制轴或阵列中心点所在的草图线条之前，要先点击绘制好的草图对象，与其在同一草图平面上绘制。

矩形阵列：对选择的草图对象，按照指定的方向等距复制出指定数量的副本（见图 3-7）。

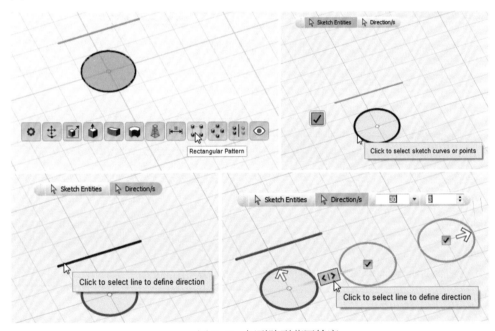

图 3-7　矩形阵列草图轮廓

- 选择要阵列的草图对象。

- 打开鼠标下方快捷菜单，选择【矩形阵列】（Rectangle Pattern）工具。

- 选择构成闭合轮廓的所有草图线条。

- 在属性条中切换至"方向"选项。

- 选择草图直线，作为要进行阵列的方向。
- 输入阵列的总长度和要分布的副本总数。
- 按 Enter/Return 键，或任意点击工作区域的空白处，结束命令。

环形阵列：对选择的草图对象，围绕点复制出指定数量的副本，在整个圆内等距分布（见图 3-8）。

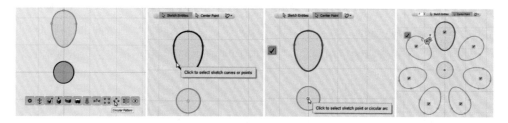

图 3-8　环形阵列草图轮廓

- 选择要阵列的草图对象。
- 打开鼠标下方快捷菜单，选择【环形阵列】（Circular Pattern）工具。
- 选择构成闭合轮廓的所有草图线条。
- 在属性条中切换至"中心点"选项。
- 选择要围绕其进行阵列的点。
- 输入在整个圆内要分布的副本总数。
- 按 Enter/Return 键，或任意点击工作区域的空白处，结束命令。

镜像草图：对选择的草图对象，在镜像线另一侧等距的位置，复制出一个副本（见图 3-9）。

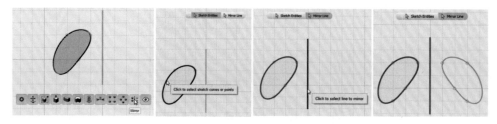

图 3-9　镜像草图轮廓

- 选择要镜像的草图对象。

- 打开鼠标下方快捷菜单，选择【镜像】（Mirror）工具。

- 选择构成闭合轮廓的所有草图线条。

- 在属性条中切换至"镜像线"选项。

- 选择要围绕其进行镜像的草图直线。

- 按 Enter/Return 键，或任意点击工作区域的空白处，结束命令。

3.2.4 使用特征工具构建实体

对封闭草图轮廓，或者实体上的某个平面，做拉伸、扫掠、旋转和放样生成复杂实体时，新的实体会根据与之接触实体的关系，自动计算布尔参数。比如，要在一个实体上创建一个新的实体，新实体可能显示为红色透明，这就意味着新实体将减去任何与其相交的部分对象。如果这并不是期望的结果，可以在属性条中手动修改参数。这些布尔参数，适用于所有的特征工具。

布尔参数：

合并	将与接触的对象相结合
相减	从原实体上切去与新实体相交的部分
相交	只保留对象之间的交集区域，并删除其余部分
新实体	创建独立的新实体

拉伸：对草图轮廓，或者实体平面添加深度（见图 3-10）。

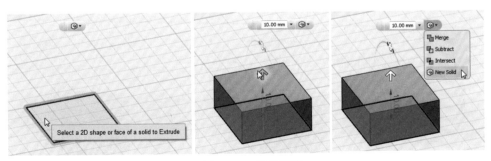

图 3-10   拉伸草图

- 从顶部工具栏主菜单【构建】（Construct）中，选择【拉伸】（Extrude）。

- 移动鼠标到要拉伸的草图轮廓，或者实体的平面上，如果可供选择会显示高亮。

- 单击选中显示高亮的对象。

- 在底部属性框中输入数值，或者拖动箭头更改拉伸深度。

- 按 Enter/Return 键，或者鼠标左键任意点击工作区域空白处，结束命令。

除了通过拖动箭头改变拉伸深度外，还可以控制顶端的锥化角度，这使得拉伸不仅可以创建出垂直于轮廓或面的，也可以是有倾斜角度的实体（见图 3-11）。

扫掠：指定截面轮廓沿开放路径创建实体。扫掠绘制草图时，需要注意：截面轮廓必须是封闭草图轮廓，或者实体平面；扫掠路径为一条与截面轮廓垂直的开放曲线，或者实体的边（见图 3-12）。

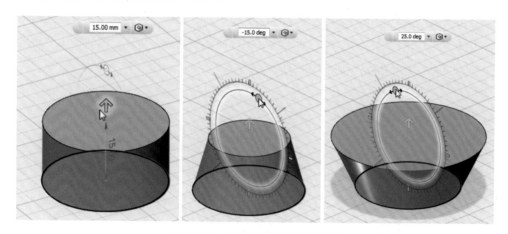

图 3-11　创建有倾斜角度的拉伸

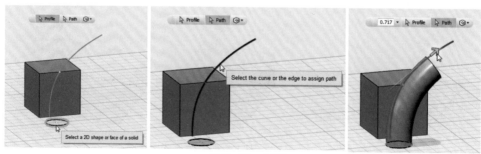

图 3-12　扫掠

- 从顶部工具栏主菜单【构建】（Construct）中，选择【扫掠】（Revolve）。
- 移动鼠标到要扫掠的截面轮廓，或者实体的平面上，如果可供选择会显示高亮。
- 单击选中显示高亮的截面轮廓或实体平面。
- 在属性条中，点击【路径】按钮。
- 移动鼠标到开放曲线，或者实体的边，单击选中扫掠路径。
- 输入数值（该值为路径长度的十进制百分数），或者拖动箭头更改扫掠距离。
- 按 Enter/Return 键，或者鼠标左键任意点击工作区域空白处，结束命令。

旋转：将草图轮廓或者实体平面，绕轴旋转指定的角度创建实体。为旋转绘制草图时，需要注意：旋转轮廓必须是封闭草图轮廓，或者实体平面；旋转轴必须为直线或者实体的边，这条直线可以是旋转轮廓草图中的一条直线，也可以是一条开放的直线独立于草图轮廓之外（见图 3-13）。

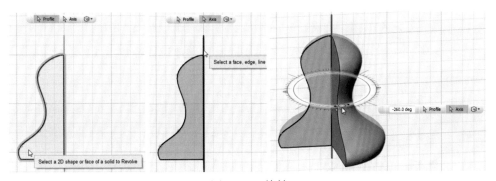

图 3-13　旋转

- 从顶部工具栏主菜单【构建】（Construct）中，选择【旋转】（Revolve）。
- 移动鼠标到要旋转的草图轮廓，或者实体的平面上，如果可供选择会显示高亮。
- 单击选中显示高亮的草图轮廓或实体平面。
- 在属性条中，点击【轴】按钮。
- 移动鼠标到草图直线，或者实体的边，单击选中旋转轴。
- 输入旋转角度，或者拖动箭头指定角度。
- 按 Enter/Return 键，或者鼠标左键任意点击工作区域空白处，结束命令。

放样：在两个或多个封闭草图轮廓或面之间创建的平滑形状。要放样的草图轮廓必须分布在不同的草图平面上，并且封闭轮廓之间存在垂直距离（见图 3-14）。

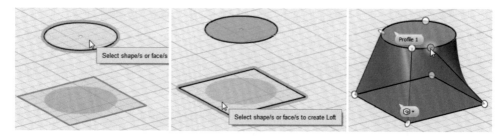

图 3-14　双草图放样

· 从顶部工具栏主菜单【构建】（Construct）中，选择【放样】（Loft）。

· 移动鼠标到第一个草图轮廓，或者实体的平面上，点击选择起始轮廓。

· 移动鼠标到第二个草图轮廓，或者实体的平面上，点击选择结束轮廓。

· 鼠标拖动轨道控制点，改变截面之间的放样形状。

· 按 Enter/Return 键，或者鼠标左键任意点击工作区域空白处，结束命令。

对两个以上的草图轮廓做放样，选择第一个和第二个草图轮廓后，按住 Ctrl 继续选择剩下的所有草图轮廓，当释放 Ctrl 键会出现放样预览。然后，按 Enter/Return 键，或者鼠标左键任意点击工作区域空白处，结束命令（见图 3-15）。

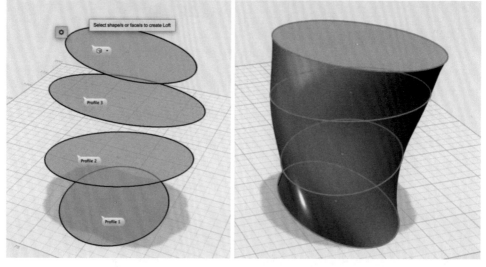

图 3-15　多草图放样

3.3 编辑实体

3.3.1 移动 / 旋转和缩放实体

在 123D Design 中，移动 / 旋转和缩放工具只作用于实体层面或草图轮廓，无法对实体中的点、边或面做移动 / 旋转和缩放。但是，可以通过编辑工具对实体中的子对象做修改。

移动 / 旋转：通过操纵器调整实体、草图轮廓或网格模型，在场景中的位置或方向（见图 3-16）。

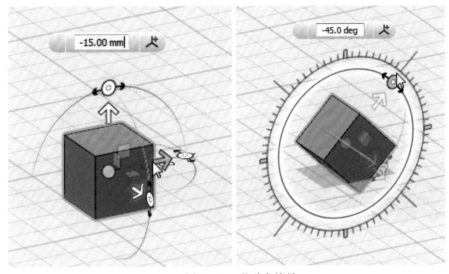

图 3-16　移动和旋转

- 当选中一个实体时，可以使用方向键移动物体，移动的步长在屏幕右下角的【捕捉】（Snap）菜单中设置。通过 X、Y 和 Z 键可控制物体绕相应的轴旋转，每次旋转 45°。

- 除此之外，软件中还提供了专门的【移动 / 旋转】（Move/Rotate），合并在同一个转换工具中。通过操纵杆的控制，实现对物体的移动和旋转。

- 先选择需要移动 / 旋转的实体、草图轮廓、网格模型。

- 从顶部工具栏主菜单【变换】（Transform）中，选择【移动 / 旋转】（Move/Rotate）工具，或使用快捷键 Ctrl+T。

- 激活【移动 / 旋转】（Move/Rotate）工具后，会在选中物体的中心出现操纵器。

· 按住鼠标拖动箭头移动物体，拖动旋钮旋转物体，或直接输入数值。

· 按 Enter/Return 键，或者鼠标左键任意点击工作区域空白处，结束命令。

提示：

(1) 如果操纵器基点不在期望的位置，点击属性条后面的按钮可重新定位操纵器，再次点击此按钮可恢复到移动操作。

(2) 旋转时的角度增量为 5°，按住 SHIFT 拖动旋钮将以 45° 增量做旋转。

缩放：基于指定的放大系数，放大或缩小选中的实体、草图或网格模型。缩放类型有等比缩放，非等比缩放两种。等比缩放使用单一比例系数缩放对象；非等比缩放将在 X、Y 和 Z 方向上使用不同的比例系数缩放对象（见图 3-17）。

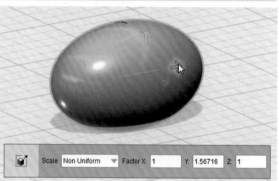

图 3-17　等比缩放和非等比缩放

· 先选择需要缩放的实体、草图轮廓、网格模型。

· 从顶部工具栏主菜单【变换】（Transform）中，选择【缩放】（Scale）工具，或使用快捷键 S。

· 激活【缩放】（Scale）工具后，会在选中物体的中心出现操纵器。

· 按住鼠标拖动箭头缩放物体，或在属性框中直接输入比例系数。

· 按 Enter/Return 键，或者鼠标左键任意点击工作区域空白处，结束命令。

智能缩放：按照比例系数缩放的方法，将无法准确地知道最终的尺寸大小。而【智能缩放】（Smart Scale）类似于在 Tinkercad 中做缩放，实时显示物体的最终尺寸，也可直接编辑三个方向的尺寸数值达到缩放效果（见图 3-18）。

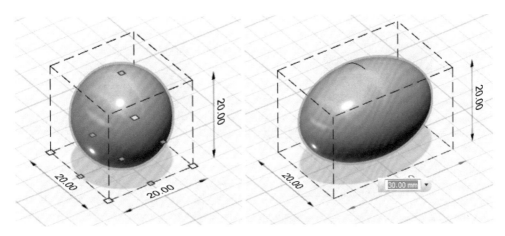

图 3-18　智能缩放

· 先选择需要缩放的实体、草图轮廓、网格模型。

· 从顶部工具栏主菜单【变换】（Transform）中，选择【智能缩放】（Smart Scale）工具，或使用快捷键 Ctrl+B。

· 激活【智能缩放】（Smart Scale）工具后，会在选中物体的边界框出现操纵器。

· 按住鼠标拖动边框上的任意控制点，或点击尺寸编辑数值，做非等比缩放。

· 按下 Shift 键，拖动角控制点，以对角点为基准做等比缩放。

· 按下 Alt 键，拖动边控制点，以中心点为基准向两边做非等比缩放。

· 同时按下 Alt 和 Shift 键，拖动任意控制点，以中心点为基准做等比缩放。

· 按 Enter/Return 键，或者点击屏幕上绿色钩，结束命令。

3.3.2　添加圆角和倒角

圆角：从外边缘切除部分实体，或从内边缘添加部分实体，创建指定半径的圆角（见图 3-19）。

· 从顶部工具栏主菜单【修改】（Modify ）中，选择【圆角】（Fillet）工具。

· 在实体模型上选择一条或多条要添加圆角的边。

· 按住鼠标拖动箭头，或直接在属性框输入圆角半径。

· 圆角预览会随着半径的改变而发生变化。

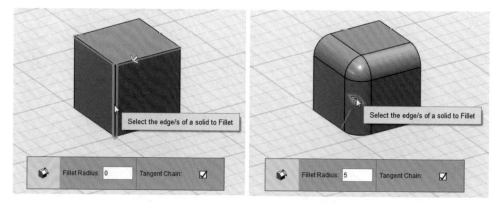

图 3-19　圆角

· 按 Enter/Return 键，或者鼠标左键任意点击工作区域空白处，结束命令。

倒角：从外边缘切除部分实体，或从内边缘添加部分实体，创建指定距离的 45° 斜角（见图 3-20）。

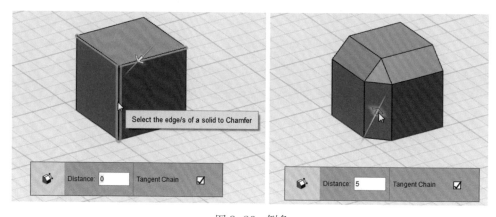

图 3-20　倒角

· 从顶部工具栏主菜单【修改】（Modify）中，选择【倒角】（Chamfer）工具。

· 在实体模型上选择一条或多条要添加倒角的边。

· 按住鼠标拖动箭头，或直接在属性框输入倒角尺寸。

· 倒角预览会随着尺寸的改变而发生变化。

· 按 Enter/Return 键，或者鼠标左键任意点击工作区域空白处，结束命令。

3.3.3　创建薄壁实体

抽壳：从实体内部去除部分实体，选择的平面被删除形成开口，创建指定厚度的空腔（见图 3-21）。

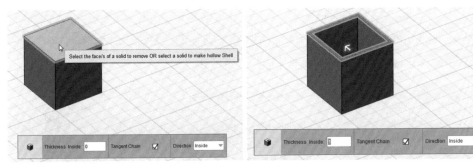

图 3-21　抽壳

- 从顶部工具栏主菜单【修改】（Modify）中，选择【抽壳】（Shell）工具。
- 在实体模型上选择一个或多个平面。
- 按住鼠标拖动箭头，或直接在属性框输入壁厚尺寸，设置抽壳方向。
- 抽壳预览会随着壁厚尺寸的改变而发生变化。
- 按 Enter/Return 键，或者鼠标左键任意点击工作区域空白处，结束命令。

3.3.4　合并实体

对选定的两个或多个实体，做合并、剪切和相交。在使用合并操作时，目标实体是要对其执行操作的实体，源实体是用来改变目标实体的对象。

合并：将选定的两个或多个实体变成一个整体（见图 3-22）。

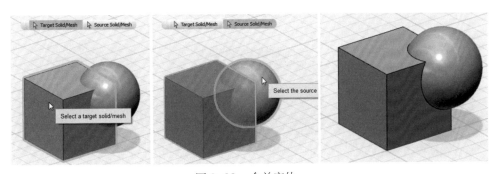

图 3-22　合并实体

- 从顶部工具栏主菜单【合并】（Combine）中，选择【合并】（Merge）工具。
- 在场景中选择目标实体。
- 属性条会自动切换至"源实体"选项。
- 选择一个或多个源实体。
- 按 Enter/Return 键，或者鼠标左键任意点击工作区域空白处，结束命令。

相减：从目标实体上切除源实体形状（见图 3-23）。

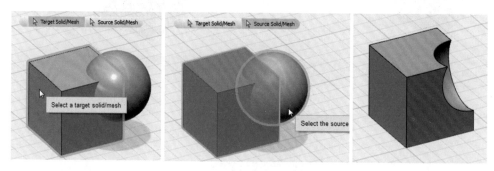

图 3-23　相减实体

- 从顶部工具栏主菜单【合并】（Combine）中，选择【相减】（Subtract）工具。
- 在场景中选择目标实体。
- 属性条会自动切换至"源实体"选项。
- 选择一个或多个源实体。
- 按 Enter/Return 键，或者鼠标左键任意点击工作区域空白处，结束命令。

相交：保留选定实体的重叠部分（见图 3-24）。

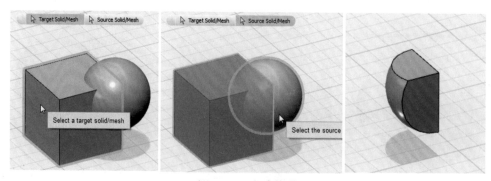

图 3-24　相交实体

- 从顶部工具栏主菜单【合并】（Combine）中，选择【相交】（Intersect）工具。
- 在场景中选择目标实体。
- 属性条会自动切换至"源实体"选项。
- 选择一个或多个源实体。
- 按 Enter/Return 键，或者鼠标左键任意点击工作区域空白处，结束命令。

3.3.5　分割实体

分割实体：用草图线或实体面，将选定一个实体分割成两个实体（见图 3-25）。

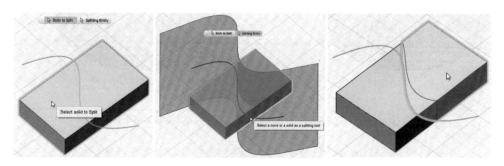

图 3-25　分割实体

- 从顶部工具栏主菜单【修改】（Modify）中，选择【分割实体】（Split Solid）工具。
- 在场景中选择要分割的实体模型。
- 切换属性条选项至"分割工具"。
- 选择草图线、实体面作为分割工具。
- 按 Enter/Return 键，或者鼠标左键任意点击工作区域空白处，结束命令。

3.3.6　偏移点、边或面

拖拽：在现有实体上添加或删除部分体积。可用于更改实体的平面、曲面、圆角、倒角、孔等对象的尺寸。当选择闭合的草图轮廓时，将拉伸出新实体。若编辑对象相邻的面为斜面，则拖拽工具会在保持斜面角度不变的条件下，对编辑面做偏移（见图 3-26）。

- 从顶部工具栏主菜单【修改】（Modify）中，选择【拖拽】（Press and Pull）工具。

- 选择实体的面作为编辑对象。

- 拖动箭头，或直接输入偏移距离（允许正负值输入）。

- 按 Enter/Return 键，或者鼠标左键任意点击工作区域空白处，结束命令。

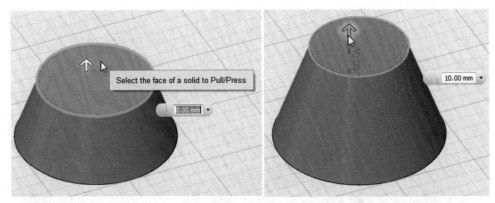

图 3-26　拖拽

扭曲：对实体的点、边或面，做偏移或旋转，变成不规则形状（见图 3-27）。

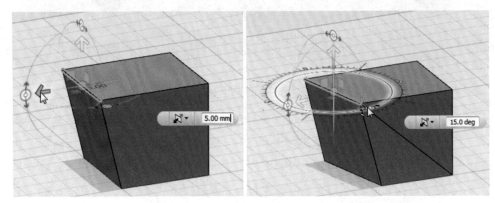

图 3-27　扭曲

- 从顶部工具栏主菜单【修改】（Modify ）中，选择【扭曲】（Tweak）工具。

- 选择实体中的子对象作为编辑对象。

- 拖动箭头，或直接输入移动数值。

- 拖动旋钮，或直接输入旋转角度。

- 按 Enter/Return 键，或者鼠标左键任意点击工作区域空白处，结束命令。

3.4　阵列

3.4.1　实体镜像

镜像：在平面另外一侧的等距离处，复制出选定实体。镜像面可以是实体平面，也可以是一条草图直线。当选择草图直线用于镜像的平面时，将自动计算出与直线所在草图平面垂直的平面做镜像（见图 3-28）。

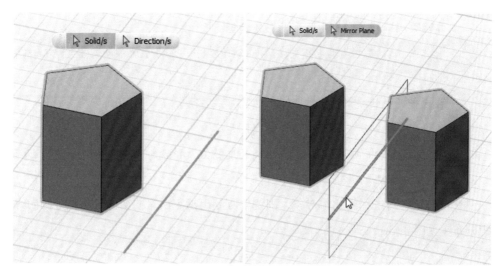

图 3-28　实体镜像

· 在场景中选择要镜像的实体模型。

· 从顶部工具栏主菜单【阵列】（Pattern）中，选择【镜像】（Mirror）工具。

· 在属性条中切换至"镜像平面"。

· 单击选择实体平面，或草图直线作为用于镜像的平面，出现镜像预览。

· 按 Enter/Return 键，或者鼠标左键任意点击工作区域空白处，结束命令。

3.4.2　阵列实体对象

矩形阵列：将选择的实体对象，在指定的总长度上，平均分隔排列指定的数量。可以选择一个或多个实体对象做阵列，并且每一个复制出的对象都可以设置可见或不可见（见图 3-29）。

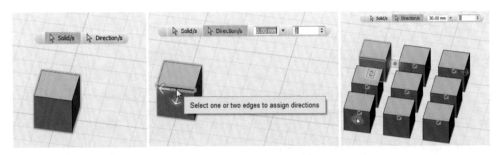

图 3-29　矩形阵列实体

· 在场景中选择要做矩形阵列的实体模型。

· 从顶部工具栏主菜单【阵列】（Pattern）中，选择【矩形阵列】（Rectangle Pattern）工具。

· 在属性条中切换至"方向"。

· 单击实体的边，或草图直线，选定阵列方向。

· 拖动箭头，并在属性条中输入准确长度数值，和阵列的数量。

· 按 Enter/Return 键，或者鼠标左键任意点击工作区域空白处，结束命令。

环形阵列：对选择的实体对象，围绕轴复制出指定数量的实体，在整个圆内等距分布（见图 3-30）。

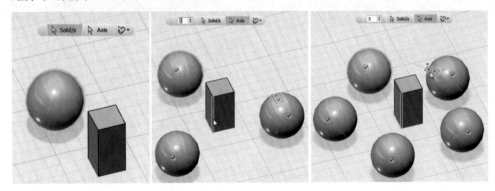

图 3-30　环形阵列实体

· 选择要阵列的实体对象。

· 从顶部工具栏主菜单【阵列】（Pattern）中，选择【环形阵列】（Circular Pattern）工具。

· 在属性条中切换至"轴"选项。

· 选择草图直线或实体线性边，作为要围绕其进行阵列的轴。

· 输入在整个圆内要分布的实体总数。

· 按 Enter/Return 键，或任意点击工作区域的空白处，结束命令。

路径阵列：对选择的实体对象，跟随草图曲线或实体的边，在指定路径长度内等距复制出指定数量的实体（见图 3-31）。

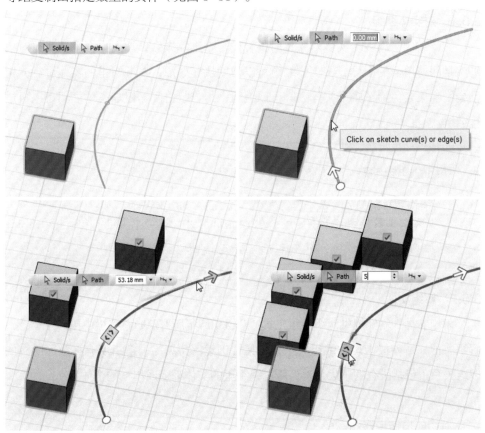

图 3-31　路径阵列实体

· 选择要阵列的实体对象。

· 从顶部工具栏主菜单【阵列】（Pattern）中，选择【路径阵列】工具。

· 在属性条中切换至"路径"选项。

· 选择草图曲线或实体的边，作为要跟随其进行阵列的路径。

· 鼠标拖动路径起点的箭头，或输入路径方向上的总距离。

- 鼠标拖动路径上的滑块左右移动，或输入在此距离内要分布的实体总数。
- 按 Enter/Return 键，或任意点击工作区域的空白处，结束命令。

3.5 编组管理

3.5.1 对实体编组

实体编组：将多个实体对象暂时整合成一个选择集合，编组集合里的实体对象仍然是保持单一的个体。将实体编组可以帮助快速选择，对编组里的实体进行编辑不会影响集合。除了多个实体之间可以编组，组与组之间、组与实体之间可以再进行编组。

编组的操作步骤：

- 在场景中选择两个或多个要编组的实体对象。
- 从顶部工具栏主菜单【编组】（Grouping）中，选择【编组】（Group）工具。
- 按 Enter/Return 键，或任意点击工作区域的空白处，结束命令。

3.5.2 解组实体

解组实体：软件提供两个解组工具：解组和解组所有。如果编组中包含子集合，解组将把只解除最上层的编组关系，子集合仍然保持编组；解组所有将解除所有的编组关系（包括所有的子集合），所有编组里的实体都变成单一的个体。

解组的操作步骤：

- 在场景中选择要解组的编组对象
- 从顶部工具栏主菜单【编组】（Grouping）中，选择【解组】（Ungroup）或【解组所有】工具。
- 按 Enter/Return 键，或任意点击工作区域的空白处，结束命令。

3.6　对齐实体

3.6.1　捕捉实体

捕捉实体：将选定实体捕捉到另一个实体上的选定位置。选择两个实体中的面，捕捉工具将自动捕捉这两个面的中心点对齐。先选择的实体将被移动，到后选择的实体上。只是相对于其他对象移动实体，但是两个对象之间并不创建任何关系（见图 3-32）。

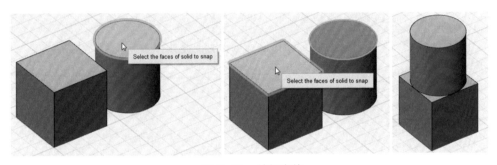

图 3-32　捕捉实体

- 从顶部工具栏主菜单中，选择【捕捉】（Snap）工具。
- 选择第一个实体上要对齐的面。
- 选择第一个实体上要与第一个实体对齐的面，第一个实体会自动做位移变换。
- 按 Enter/Return 键，或任意点击工作区域的空白处，结束命令。

3.6.2　对齐实体

对齐实体：将两个或更多的实体模型，排到正确的位置或方向。在 X 和 Y 方向上，分别有三种不同的对齐方法：靠左对齐、靠右对齐和居中对齐。Z 方向上的对齐方法为：向上对齐、向下对齐和居中对齐（见图 3-33）。

- 在场景中选择要对齐的所有实体对象。
- 从顶部工具栏主菜单【变换】（Transform）中，选择【对齐】（Align）工具。
- 点击【对齐】（Align）工具后，将围绕所有选中实体对象的边界显示对齐操纵器。

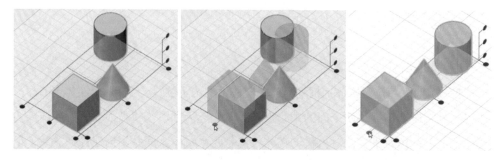

图 3-33　对齐实体

- 鼠标悬停在对齐方向控制点上，对齐预览将实体显示成透明橘色。
- 按住 Ctrl 键点击未选中的物体或操纵器内的物体，添加或删减对齐对象。
- 按 Enter/Return 键，或者点击屏幕上绿色钩，结束命令。

3.7　添加文字

在场景中创建文字对象是很有必要的，而且文字实体也可以被当作一种特殊的基本形状加以应用。创建文字实体对象只要两步即可完成：添加文字，对文字从二维拉伸成三维实体。一旦成实体之后，文字对象就无法再做修改，所以要增加或删除文字只有在草图阶段进行。草图阶段的文字对象为一个整体，拉伸后的文字将变成单个独立实体。如果想要移动三维文字实体，要先将所有的文字实体编组或合并成一个整体。

添加文字草图（见图 3-34）

- 从顶部工具栏主菜单选择【文字】（Text）工具。
- 单击网格平面或实体平面作为工作平面。
- 在已选定的平面上指定对角点以确定显示文字的位置。
- 鼠标悬停在文字左下角的小方块上回显示红色，拖动鼠标可改变文字位置。
- 按住鼠标拖动旋钮改变文字角度。
- 在文字对话框中输入文字，更改字体样式和大小。
- 按 Enter/Return 键，或者点击对话框上的确定按钮，结束命令。

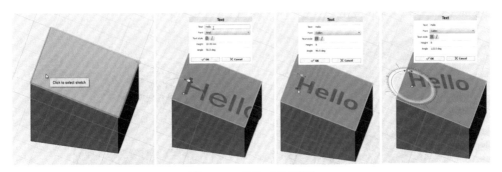

图 3-34　添加文字草图

编辑文字（见图 3-35）

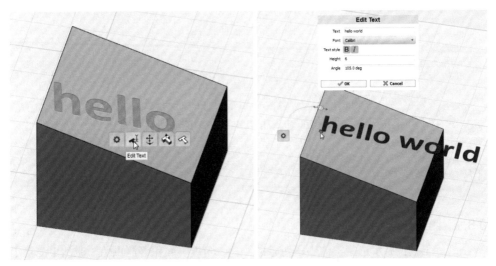

图 3-35　编辑文字

· 鼠标悬停在文字草图上回显示高亮。

· 点击文字显示为橘色高亮，从鼠标下方快捷菜单中选择【编辑文字】工具。

· 在文字对话框中，可再次编辑文字，更改字体样式和大小，文字位置和角度。

· 敲击 Enter/Return 键，或者点击对话框上的确定按钮，结束命令。

拉伸文字（见图 3-36）

· 鼠标悬停在文字草图上回显示高亮。

· 点击文字显示为橘色高亮，从鼠标下方快捷菜单中选择【拉伸文字】工具。

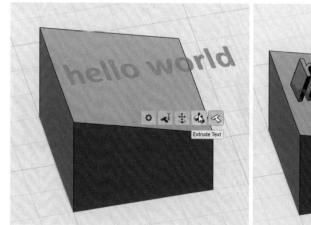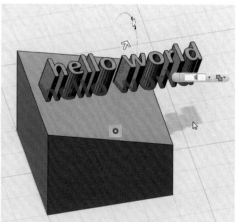

图 3-36　拉伸文字

· 拖动箭头，或直接输入拉伸长度。

· 按 Enter/Return 键，或任意点击工作区域的空白处，结束命令。

3.8　测量尺寸

3.8.1　测量工具

测量工具：显示选定实体中子对象的距离、角度、面积等测量值。激活【测量】（Measure）工具后，在对话框中将显示所选对象的几何信息，提供了可供选择的对象类型，选择时可过滤掉其他类型的对象（见图 3-37）。

· 从顶部工具栏中选择【测量】（Measure）工具。

· 点击【测量】（Measure）工具后，会显示测量信息对话框。

· 选择一条边，对话框中将显示这条边的长度信息。

· 再选择第二条边，将显示两条边的长度，它们之间的距离和角度。

· 当选择一个面的时候，显示该面的面积和边长。

· 点击对话框底部的【关闭】按钮，结束命令。

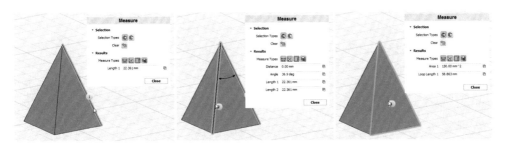

图 3-37　测量工具

3.8.2　标尺工具

标尺工具：显示选定实体相对于基点的位置信息和实体本身的长宽高尺寸。通过修改任意尺寸可以改变相对位置或实体大小（见图 3-38）。

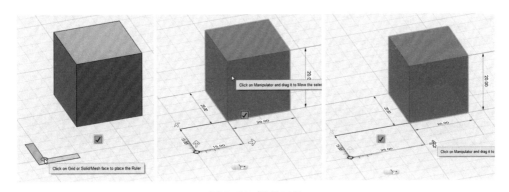

图 3-38　标尺工具

· 从顶部工具栏主菜单【变换】（Transform）中，选择【标尺】工具。

· 点击【标尺】工具后，标尺会跟随鼠标移动。

· 选择网格点作为标尺的基点，点击将标尺放置在网格平面上。

· 单击所要测量的实体，距离和尺寸信息将在平面上显示。

· 拖动箭头或单击显示的尺寸文字手动输入，改变相对位置或大小。

· 按 Enter/Return 键，或者点击屏幕上绿色钩，结束命令。

第

2

部分 —— 通过实例学习建模

对于没有建模基础的个人用户来说，初次接触建模会不知道从何下手。这种困惑一方面来自对软件本身功能的不熟悉，另一方面来自建模思路的不清晰。想要成为一名建模能手，需要在清晰的模型构思指导下完成建模过程。软件的功能通过学习很快就能掌握，并且对于同一类的建模软件只要能掌握一款，其他的只需要稍加练习就能很快上手。而建模思路的形成是日积月累，长期建模中练就出来的，需要掌握的是一种思考方法。

在分析模型结构、整理建模构思过程中，将功能因素和 3D 打印因素考虑进来。多方面的影响因素，使得模型设计复杂化，建模思路就更加重要，需要做全面细致

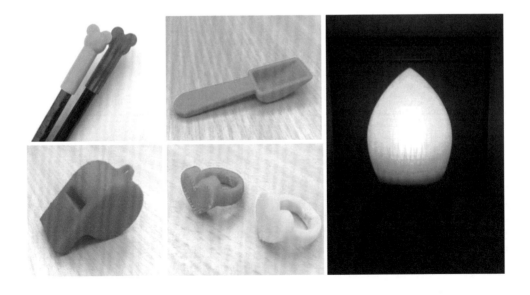

的思考。传统的从设计完成再进入制造工序的流程已经不适用，一个数据选择不当就可能导致打印成品无法实现应有的功能，对时间和耗材是极大的浪费。

因此，需要将打印过程提前引入到设计过程中。化整为零，将大块模型进行分解，对于重要的功能模块，经过打印修改再打印再修改的过程，得出几组数据加以对比，直到此功能完美实现，确定出最佳设计方案，最后将各个模块加以组合从而完成模型设计。这样，既减少时间和耗材的浪费，还可以模块化，在以后的设计中被重用。打印测试所得的这些数据，也可为将来的建模做很好的参考。

本部分将对于每个案例，从分析模型结构开始，整理建模构思，利用清晰的步骤详细介绍建模过程。详细介绍重要知识点，读者在学会使用功能的同时了解更多的建模理论。对实际物体进行测量，记录和计算尺寸，基于测量的实际尺寸进行建模，使读者养成准确建模的习惯。

第 4 章　小熊铅笔帽

本章中介绍的功能和技术:

- 创建基本体对象，参数化设置基本体
- 使用直接建模的方法，通过基本体的组合构建模型
- 合理利用布尔运算编辑实体对象

3D 打印耗时：20 分钟

4.1　制作前的准备

4.1.1　小熊铅笔帽建模构思

日常生活中，尽管接触的东西各不相同，但是仔细观察的话，就会发现许多物体是由基本形状加以演变，或是由不同基本形状的物体组合在一起而成的。

当在脑子里无法完整的想象出三维模型，不知道从何处下手开始建模时，先试着在纸上简单地画出物体的几个二维视图加以分析。小熊铅笔帽的正面视图(如图 4-1 所示)，包括两部分：小熊头和笔帽。那么，就可以将这两部分分开构建，最后进行组合即可。

小熊头由几个球体和圆柱体组成：一个圆球体做头的主体，两个压扁的圆柱体做两只耳朵，一个稍大点的球体做鼻子，两个小球体做眼睛。在建模时，只要将这些形状通过缩放和移动工具放置到合适的位置，这样小熊头部就简单地完成了。

笔帽部分就是一个带孔圆柱体。它是整个笔帽最重要的部分，孔要挖多大多深才合适，否则铅笔插不进去或者插进去太松容易掉落。所以，要测量铅笔的真实尺寸。

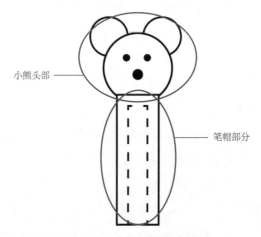

小熊头部

笔帽部分

图 4-1　小熊铅笔帽分解图

4.1.2　测量铅笔尺寸

我们需要在铅笔上测量出两个尺寸：铅笔的直径和笔尖的长度。

测量铅笔的直径：把铅笔摆在一张白纸上，用手固定好铅笔，拿另外一支铅笔，紧贴要测量的铅笔两边画出两条线，用刻度尺测出两条线之间的距离不到 8mm，建议使用 7.8mm。这个尺寸决定了笔帽套在铅笔上的松紧度，因为测量本身跟铅笔的真实尺寸就存在略微的误差，所以设计模型时不需要计算间隙误差，测量尺寸 7.8mm 就是设计尺寸（见图 4-2）。

测量笔尖的长度：将削好的铅笔摆在白纸上，从笔尖处画条线，再在比笔尖根

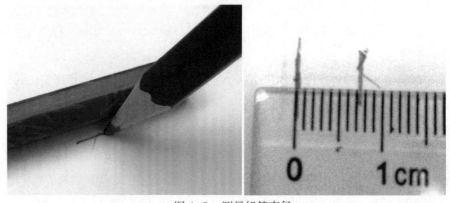

图 4-2　测量铅笔直径

部略长的地方画条线，用刻度尺测出两条线之间的距离为 3cm。这个尺寸决定了笔帽要套住笔尖多长，可以根据笔尖的长短做相应调整。

测量笔尖的长度：将削好的铅笔摆在白纸上，从笔尖处画条线，再在比笔尖根部略长的地方画条线，用刻度尺测出两条线之间的距离为 3cm。这个尺寸决定了笔帽要套住笔尖多长，可以根据笔尖的长短做相应调整（见图 4-3）。

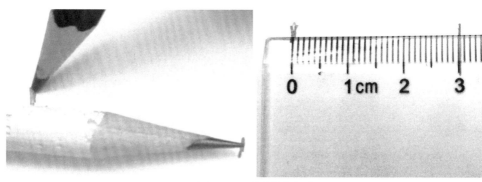

图 4-3　测量笔尖长度

4.2　建模步骤

4.2.1　根据测量尺寸做出基准

先根据从铅笔上测量的两个尺寸画出一个圆柱体作为基准，接下来的设计将基于这个圆柱体而展开，这个圆柱体是笔帽部分中间的孔。

(1) 在顶部工具箱【基本形状】（Primitives）中点击【圆柱体】（见图 4-4）。

(2) 点击完【圆柱体】工具后会发现一个缺省尺寸的圆柱体跟随鼠标移动。接下来，在属性框中输入尺寸，半径为 3.9，高度为 30。然后，在画图区域的网格上，随意点击一个网格点，圆柱体即被放置在画图区域的网格平面上（见图 4-5）。

变换视角 ─────────────────────────────

按住鼠标右键拖动可以旋转视角，按住鼠标滚轮拖动可以平移场景。在建模过程中，变换视角能更好地观察模型的状态。养成良好的习惯，随时变换视角从各个角度观察模型，在构建复杂模型时尤其重要。发现错误及时进行相应的调整，避免错误的累积，让建模过程更流畅。

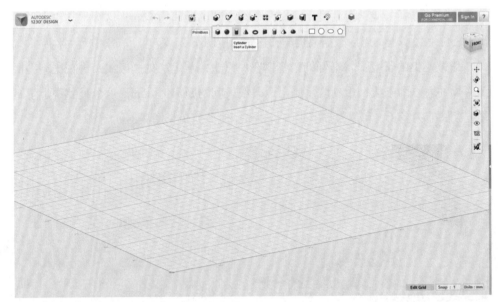

图 4-4　建立第一个圆柱体

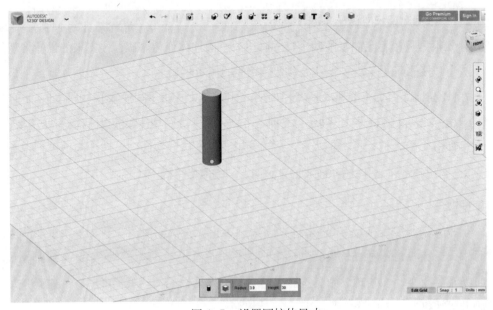

图 4-5　设置圆柱体尺寸

(3) 同样的方法，使用【基本形状】(Primitives)里的【圆柱体】画出第二个圆柱体，半径为 5，高度为 30（见图 4-6）。

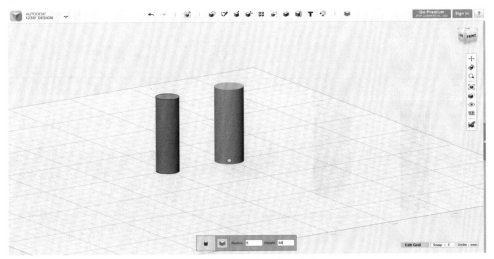

图 4-6　建立第二个圆柱体

4.2.2　构建小熊头部形状

(1) 从顶部工具箱【基本形状】(Primitives)中选择【球体】。点击【球体】后，在屏幕底部属性框中输入尺寸，半径为 7。随意放置在画图区域的一个网格点上，小熊头的主体就确定了（图 4-7）。

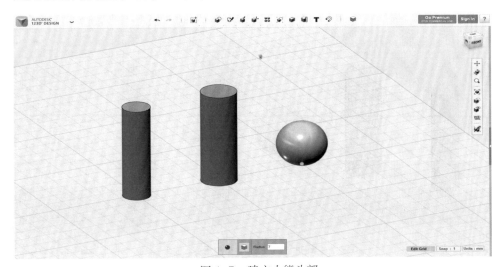

图 4-7　建立小熊头部

　　(2) 现在开始做小熊的两只耳朵。使用【基本形状】（Primitives）里的【圆柱体】画出一个圆柱体作为小熊的一只耳朵，半径为 4，高度为 3（图 4-8）。

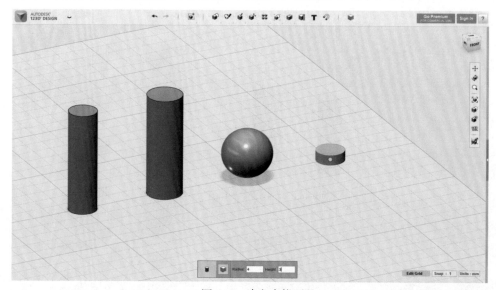

图 4-8　建立小熊耳朵

　　(3) 选择刚才画好的小圆柱体，点击底部【移动】工具（图 4-9）。

　　(4) 点击完【移动】工具后会出现移动 / 旋转操纵器。拖动旋转操纵杆，在前后

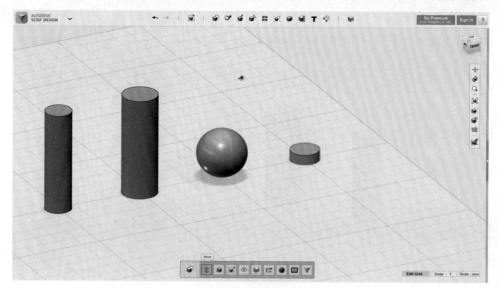

图 4-9　移动形体

的方向上旋转 90° 让圆柱体竖起来，小熊的耳朵也就立起来了（图 4-10）。

(5) 圆柱体竖起来以后，继续使用移动操纵杆，分别拖动三个箭头调整小熊耳朵

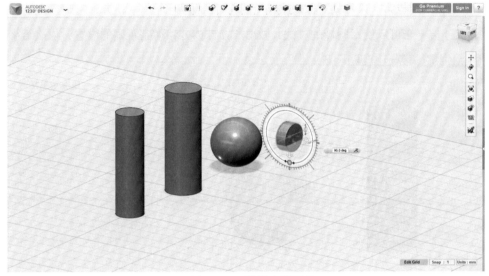

图 4-10　旋转小熊耳朵

的位置，使圆柱体的部分嵌入球体中，只露出一半。当移动到合适的位置以后，点击
画图区域的空白处，退出【移动】工具（图 4-11）。

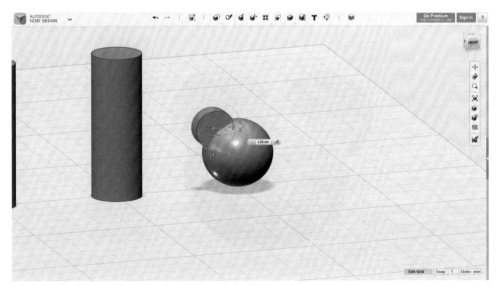

图 4-11　移动小熊耳朵

(6) 再次选择已经画好的一只小熊耳朵，复制【Ctrl + C】粘贴【Ctrl + V】出另外一只耳朵，移动 / 旋转操纵器会自动出现。拖动向右移动的箭头，将复制的另一只耳朵移动到与第一只耳朵对称的位置（图 4-12）。

(7) 接下来可以使用同样的方法，做出三个球体并移动到正确的位置，依次给小熊画上眼睛和鼻子（图 4-13）。

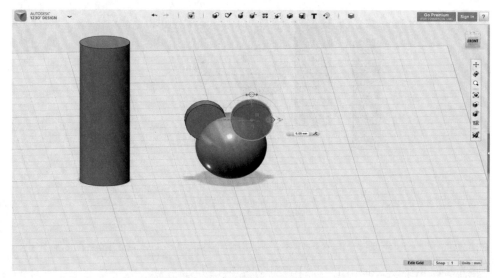

图 4-12　复制粘贴小熊另一只耳朵

图 4-13　制作小熊眼睛和鼻子

(8) 最后，用【合并】（Merge）工具把小熊头部球体和圆柱体形状，合并在一起。（图4-14）

从顶部工具栏【合并】（Combine）中选择【合并】（Merge）工具。

(9) 点击【合并】（Merge）工具。选择一个形状作为目标对象，接着分别单击选择构成小熊头的其他形状作为源对象。选择完所有形状后，点击画图区域的空白处，退出【合并】（Merge）工具完成合并（图4-15）。

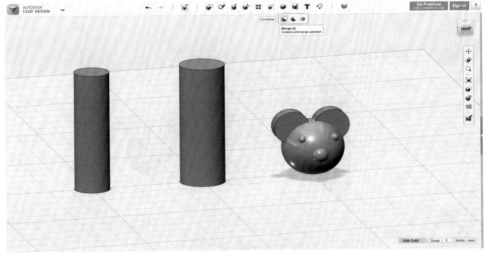

图 4-14　合并小熊头部

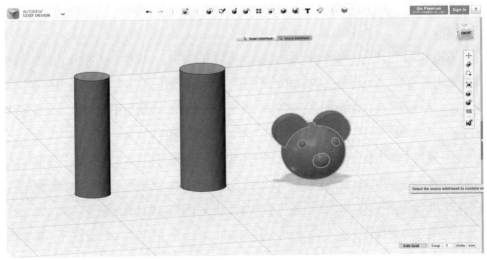

图 4-15　完成小熊头部

4.2.3　完成整体模型

先调整好三个形状的位置，进行合并后完成小熊铅笔帽的整体模型。

(1) 将两个圆柱体和小熊头一起选中，从顶部工具栏【变换】（Transform）中选择【对齐】（Align）工具（图 4-16）。

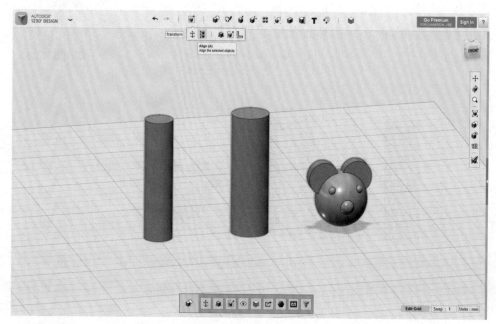

图 4-16　使用对齐工具

(2) 点击【对齐】（Align）工具后会出现对齐操作杆，选择基于网格平面上的两个中心对齐点，使被选中的形状以中心对齐。点击屏幕上的 退出对齐模式（图 4-17）。

(3) 这时会发现，小熊的头位置不正确。选中小熊头，使用【移动】工具，拖动向上的箭头，把小熊头移动到圆柱体的上面，并调整好位置（图 4-18）。

(4) 使用【合并】（Merge）工具合并小熊头和大圆柱体。点击【合并】（Merge）工具，选择小熊头作为目标对象，接着选择大圆柱体作为源对象。选择完所有形状后，点击画图区域的空白处，退出【合并】（Merge）工具完成合并（图 4-19）。

(5) 为了方便接下来进行的【相减】（Subtract），挖出中间的圆柱孔，需要调整视角暴露出底部形状，按住鼠标右键向上拖动改变视角。如果改变视角后，物体

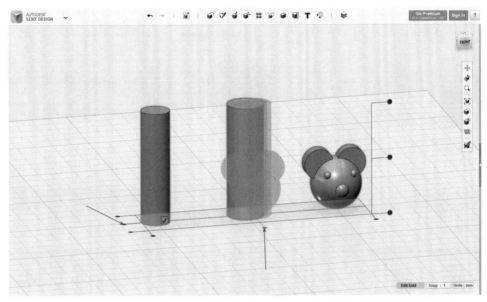

图 4-17　点击控制点对齐实体

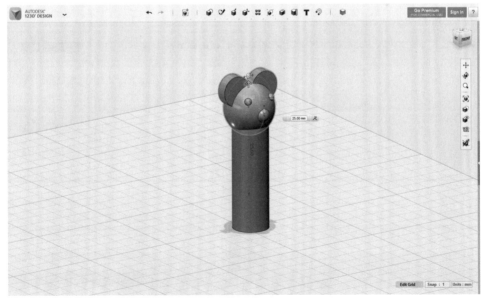

图 4-18　移动小熊头部到合适位置

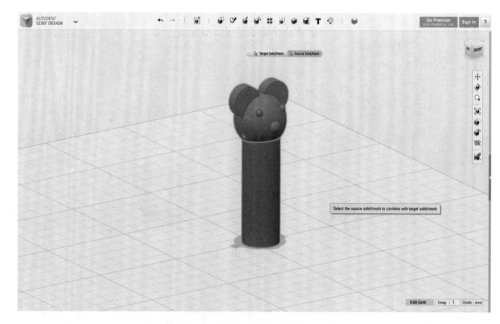

图 4-19　合并小熊头部和身体

不在屏幕的中间区域，按住鼠标中键的滚轮随意拖动，可以移动网格平面的位置将其放到屏幕中央（图 4-20）。

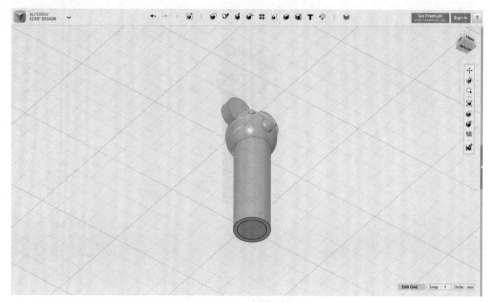

图 4-20　调整合适视角

(6) 使用【相减】（Subtract）工具挖出中间的圆柱孔。点击【相减】（Subtract）工具，选择大圆柱体作为目标对象，接着将鼠标移动到中间小圆柱体部分，当小圆柱体高亮显示时单击选中作为源对象。点击画图区域的空白处，退出【相减】（Subtract）工具（图 4-21）。

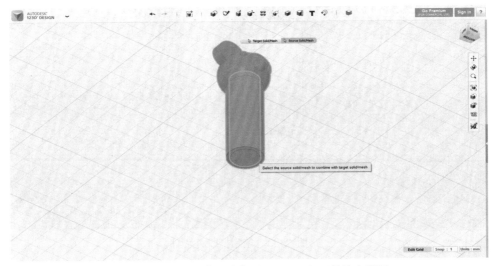

图 4-21　使用【相减】（Subtract）工具挖空笔帽

(7) 这样，整个小熊铅笔帽的模型就完成啦（图 4-22、图 4-23）！

图 4-22　完成

图 4-23　笔帽打印成品图

4.3 课后练习

请制作小动物冰箱贴

准备材料： 小磁铁

要点提示：

1.仔细测量磁铁的尺寸

2.根据磁铁的形状和尺寸，来设计模型上用于安装磁铁的孔的尺寸

3.通过打印测试，找到最合适的磁铁尺寸与孔尺寸的公差

第 5 章　玩具小铲子

本章中介绍的功能和技术：

- 使用草图直线绘制对象的轮廓

- 拉伸封闭草图轮廓，将二维草图转换为三维实体

- 省时省力构建对称模型

- 创建圆角以便获得很好的效果

3D 打印耗时：8 分钟

5.1　制作前的准备

5.1.1　分析铲子侧视图和正视图

先在纸上画出铲子的侧视图和正视图，对两个视图的形状加以分析。如图 5-1 左侧图所示为铲子的侧视图，由矩形和三角形组成。如图 5-1 右侧图所示为铲子的正视图，可见铲子是左右对称的物体，也就是说在做模型的时候可以制作出一半，然后通过对称完成另外一半。

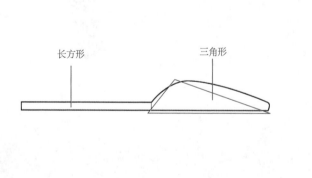
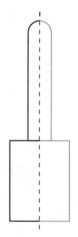

图 5-1　玩具小铲子分解图

5.1.2　根据试图整理建模思路

基于以上对侧视图和正视图的分析，整理出思路，可以让建模过程变得更简单，建模的重要步骤如下：

(1) 按照侧视图画出二维草图，由三角形和矩形组成；

(2) 向同一方向拉伸出铲身和铲柄的宽度，完成铲子的一半；

(3) 以中心面做镜像，完成整个模型。

5.2　建模步骤

5.2.1　画出侧视图的二维草图

按照侧视图画出二维草图，由三角形和矩形组成。绘制草图是三维造型的基础，所以二维草图的绘制非常重要。在默认三维视角下，网格平面并没有正视于屏幕，这样将不利于绘制二维草图，为了方便准确地绘制二维草图，需切换到正视图角度进行草图绘制。

(1) 在右上角视图立方体上点击屏幕 Top，将视角切换到正视图，开始绘制草图(图 5-2)。

(2) 从顶部工具栏的【绘制草图】中选择【多段线】工具（图 5-3）。

(3) 选择【多段线】工具后，鼠标下方的提示信息会显示选择平面开始绘图。这时，任意点击网格平面将其确定为工作平面，进入草绘模式（图 5-4）。

合理运用网格线

在绘制草图时，网格平面上的点和网格线为准确绘制线段提供了极大的帮助。点击任意网格点即确定了起点位置，依次在网格上确定出其他的点，绘制出一个五边形。在绘制草图过程中，参考线的实时显示让草图绘制更方便准确。有时参考线没有出现，可以移动鼠标到参考点，然后再拖动鼠标画线，参考线就会准确地捕捉到并对齐。

图 5-2　切换到正视图

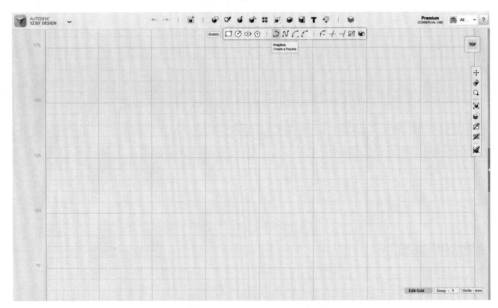

图 5-3　使用【多段线】工具

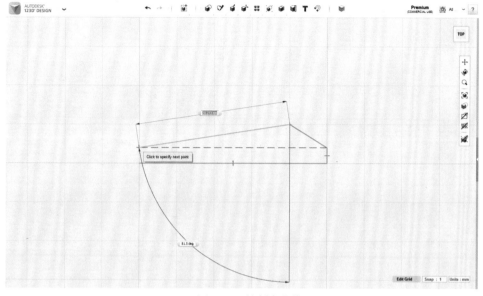

图 5-4　绘制多段线

选择草图平面

　　草图必须建立在一个二维草图平面上，草图平面可以是零件表面，也可以是工作区域的网格平面。选定绘制草图工具后，必须先确定草图平面，然后开始草图绘制。

　　(4) 继续使用【多段线】绘制出铲柄的矩形。这样，铲子的二维草图就完成了（图5-5）。

5.2.2　分别拉伸出铲身和铲柄

　　分两步向同一方向分别拉伸出铲身和铲柄，完成铲子的一半。现在，回到三维视角将二维草图生成三维实体。

　　(1) 在顶部工具栏【构建】（Construct）中选择【拉伸】（Extrude）工具（图5-6）。

　　(2) 选择完【拉伸】（Extrude）工具，点击铲身草图，拖动箭头拉伸长度8mm（图5-7）。

90

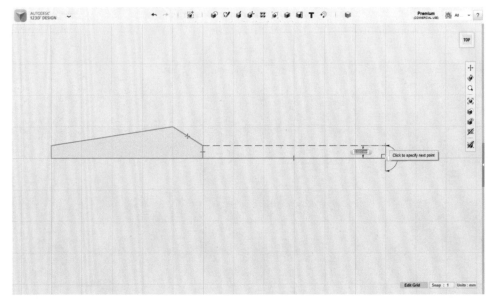

图 5-5　完成草图

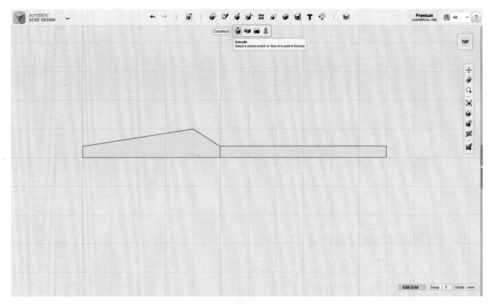

图 5-6　使用【拉伸】（Extrude）工具

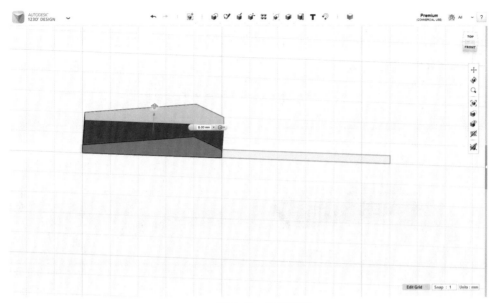

图 5-7 拉伸铲身

(3) 选择【修改】（Modify）中的【倒圆角】（Fillet）工具，对铲身的棱角做圆滑处理（图 5-8）。

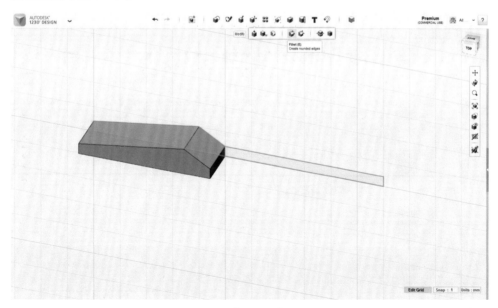

图 5-8 使用【倒圆角】（Fillet）工具

(4) 选择【倒圆角】(Fillet) 工具后，连续选择要处理的两条边，会显示绿色高亮。通过拖动箭头改变圆角半径，或者直接在属性框中输入圆角半径 8。如果错误地选择了不需要处理的边，只要再次点击这条边，可以取消该边的高亮选择（图 5-9）。

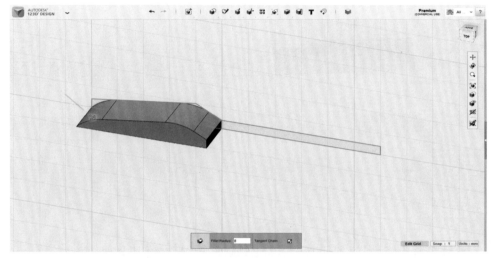

图 5-9　通过倒圆角平滑铲身

(5) 在顶部工具栏【修改】(Modify) 中选择【抽壳】(Shell) 工具，将铲身掏空（图 5-10）。

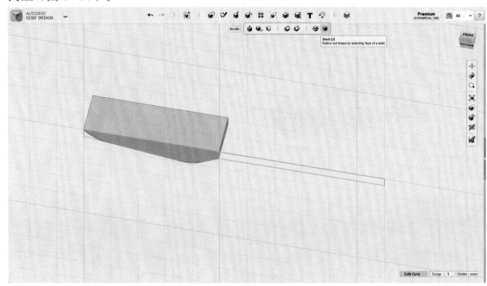

图 5-10　使用【抽壳】(Shell) 工具

(6) 选择【抽壳】（Shell）工具后，先选择平面 1，然后在键盘上按住 Ctrl 再选择平面 2。这时，所选择的两个面会被删除，而变成一个空壳。有时可能会选到错误的面，按住 Ctrl 再次点击该面即可取消高亮选择（图 5-11）。

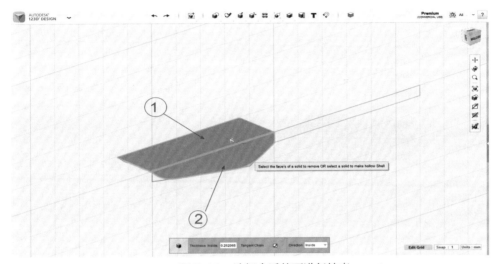

图 5-11　选择合适的面进行抽壳

(7) 在【抽壳】（Shell）工具的属性框中，输入壳的厚度为 1.2，点击画图区域的空白处，退出【抽壳】（Shell）工具（图 5-12）。

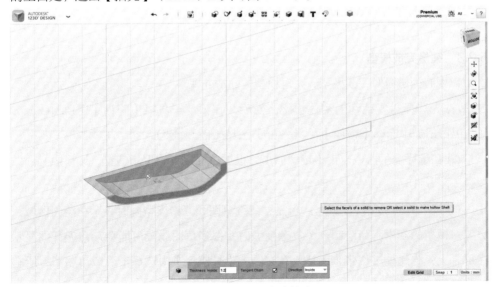

图 5-12　完成抽壳

(8) 使用【拉伸】（Extrude）工具，拉伸铲柄宽度为 3mm。点开数值输入框后面的下拉菜单，会出坝 4 个选项，选择【合并】（Merge）让铲柄在拉伸时和已经画好的铲身变成一体，这样就不需要在建模完成后做合并了（图 5-13）。

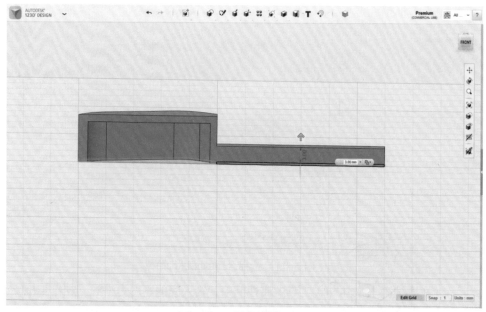

图 5-13　制作铲柄

5.2.3　镜像完成模型

以中心面做镜像完成模型，并对模型做圆滑处理。

(1) 先选择需要镜像的实体模型。然后，在顶部工具栏【阵列】（Pattern ）（Pattern ）中选择【镜像】（Mirror）工具（图 5-14）。

(2) 在选择提示器中点击【镜像面】，根据鼠标下方的提示信息，选择中心面做镜像（图 5-15）。

(3) 铲子的模型已经完成了。但是，二维草图和三维模型同时显示在绘图区域，影响对模型的观察。当绘制一个复杂模型时，很多草图线段可能会杂乱无章地显示在屏幕上，给建模过程带来困扰。在右侧的【导航栏】中选择【隐藏草图】，所有的草图将不可见（图 5-16）。

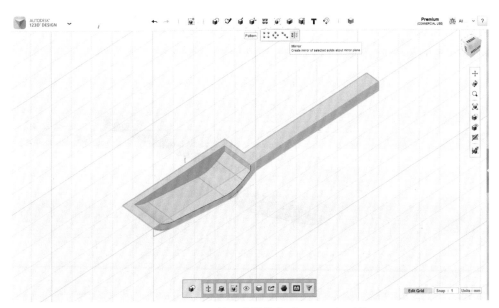

图 5-14　使用【镜像】（Mirror）工具

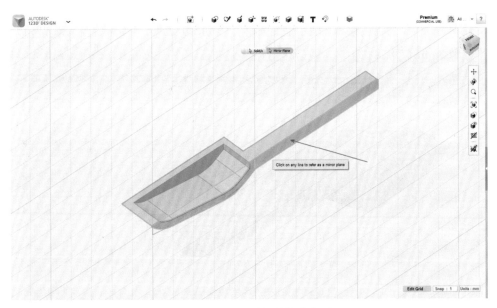

图 5-15　选择镜像中心面

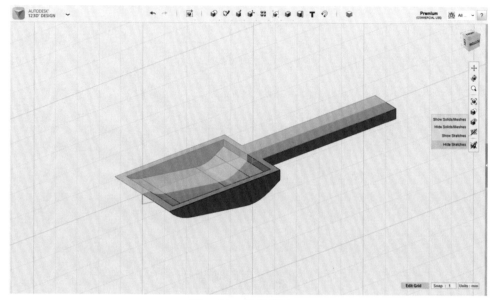

图 5-16　隐藏草图

(4) 观察模型，会发现所有的棱角和边太过尖锐。接下来，对这些边和棱角做圆滑处理，让模型变得更柔和。使用【倒圆角】（Fillet）工具，对铲柄的末端做圆角，半径为 3mm（图 5-17）。

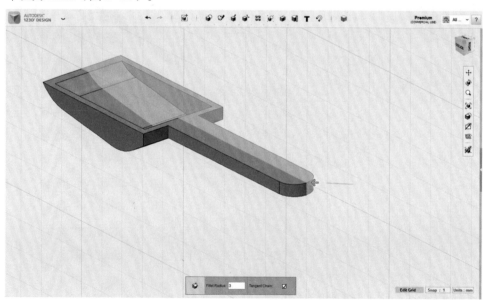

图 5-17　使用【倒圆角】（Fillet）工具

(5) 接着，对其余所有的边倒圆角。选择【倒圆角】（Fillet）工具，进入倒圆角状态后，按下鼠标左键在屏幕上从左上角到右下角画出一个框，将整个铲子模型都框在里面。放开鼠标后，会发现所有尖锐的边都被选中了（图 5-18）。

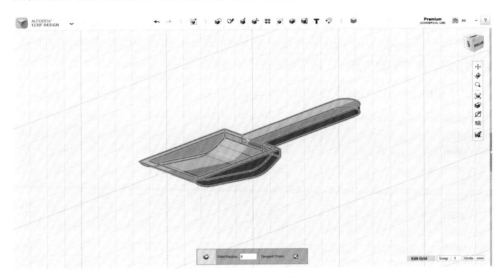

图 5-18　选择需要倒圆角的边

(6) 在屏幕下方【倒圆角】（Fillet）工具的属性框中，输入圆角半径 0.5，整个模型就变柔和了（图 5-19）。

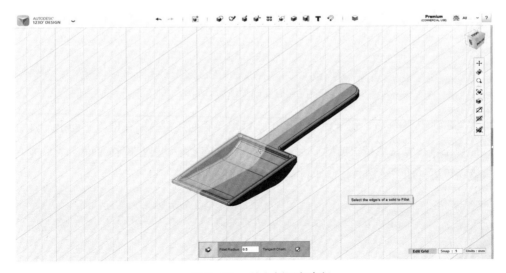

图 5-19　输入倒圆角半径

5.2.4 调整模型方向便于 3D 打印

如果网格平面就是打印机的底板的话，那么完成的模型并没有在平面上，而且模型是侧躺着的，这个方向并不利于 3D 打印。当然，也可以在打印机的切片软件里做方向调整。但是，对于复杂模型来说，如果在打印过程中出现问题，就不能很直观地发现模型错误。为了能更直观准确地发现问题，在构建模型时就应考虑正确的打印方向。接下来我们对铲子模型调整方向，让它平躺在网格平面上。

(1) 使用【移动/旋转】（Move/Rotate）工具，将铲子向前旋转 90°，让它翻个身平躺着（图 5-20）。

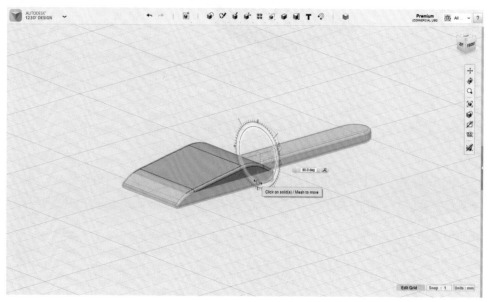

图 5-20　调整模型方向

(2) 旋转 90°后，铲子已经平躺了。可是，底面还没有贴在网格平面上。再次选择模型，在键盘上按快捷键 D 会发现铲子自动向上移动贴在网格平面上了。接下来就可以去打印了（图 5-21、图 5-22）。

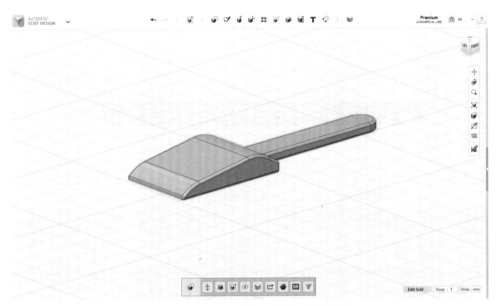

图 5-21　将铲子摆放于网格平面

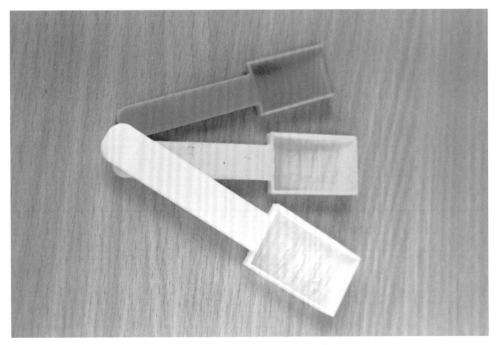

图 5-22　小铲子打印成品图

5.3　课后练习

<table>
<tr><td>请制作有趣的杯垫</td></tr>
</table>

准备材料：茶杯，或饭碗，或碟子。

要点提示：

1. 测量容器底部尺寸。

2. 根据容器尺寸，来设计杯垫的尺寸。

3. 可以在杯垫上加上漂亮的图案，比如利用【相减】和【阵列】做出镂空效果。

第6章　爱心戒指

本章中介绍的功能和技术：

- 混合使用基本体直接建模和特征建模
- 使用样条曲线绘制草图轮廓
- 拖动控制点，更好地控制样条曲线的形状
- 非等比缩放实体，让对象在单一方向上做改变

3D 打印耗时：10 分钟

6.1　制作前的准备

6.1.1　爱心戒指建模构思

画出爱心戒指的俯视图和正视图，可以看出它包括爱心和指环两部分。那么，在建模时只要分别构建这两部分，最后进行组合即可。经过分析，建模过程已经变得非常简单。改变爱心的形状，可以设计出自己喜欢的图案，定制专属的个性戒指（图6-1）。

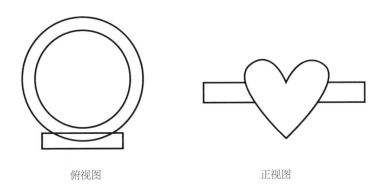

俯视图　　　　　　　　　　　正视图

图 6-1　爱心戒指分解图

6.1.2 测量手指宽度

指环的大小决定了戒指戴上是不是合适，这个尺寸在构建模型前进行测量。手放在一张白纸上，用铅笔在要测量的手指最宽的两侧画两条线，用刻度尺测量出这两条线之间的距离，就是手指直径的大概尺寸，测量得 1.6cm（图 6-2 ）。

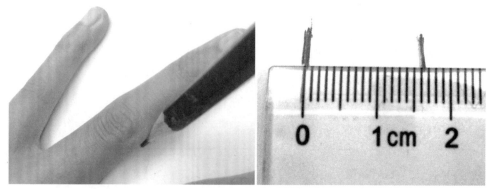

图 6-2　测量手指宽度

6.1.3 计算指环尺寸

手指的直径是 1.6cm，也就是说圆环中间的洞至少为 1.6cm，打印出来的戒指才能顺利地戴进去。那么，计算一下在建模时这个圆环体的尺寸该是多少。

如图 6-3 所示，圆环体的尺寸标注中，已知手指直径 1.6cm，小圆直径就是指环的厚度设为 0.3cm，那么大圆直径就等于 1.9cm。有了以上这些尺寸，构建模型就简单了，只要设置好合适的尺寸，打印出来的戒指就能戴了。

测量尺寸单位是 cm，为了更精确，软件中的单位设置是 mm，建模时需要做相应的转换。

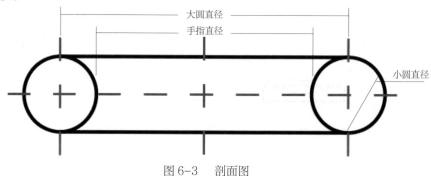

图 6-3　剖面图

6.2 建模步骤

6.2.1 根据计算尺寸画出指环

根据计算所得圆环体定义尺寸构建圆环体,并对圆环体形状做非等比缩放画出指环。

(1) 在顶部工具箱【基本形状】(Primitives)中点击【圆环体】(图 6-4)。

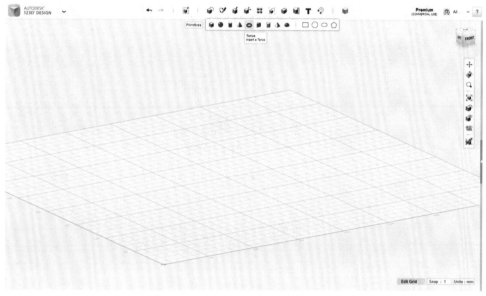

图 6-4 使用【圆环体】工具

(2) 在属性框中输入尺寸,大半径为 9.5,小半径为 1.5。然后,在画图区域的网格上,随意点击一个网格点,圆环体即被放置在画图区域的网格平面上(图 6-5)。

(3) 选中圆环体,从屏幕底部快捷工具栏中选择【缩放】(Scale)工具(图 6-6)。

(4) 选完【缩放】(Scale)工具后,会出现一个箭头,缺省状态为等比缩放(图 6-7)。

(5) 点击属性框【缩放】(Scale)后面的下拉菜单,选择【非等比】将变成三个方向的箭头与三维坐标方向一致,分别代表了 X 方向、Y 方向和 Z 方向。拖动向上的 Z 方向箭头,或者直接在属性框中输入 Z 方向缩放因子 1.5,圆环体会沿单一的 Z 方向放大 1.5 倍,其他方向保持不变。缩放结束后,任意点击画图区域空白处,退出【缩放】(Scale)工具(图 6-8)。

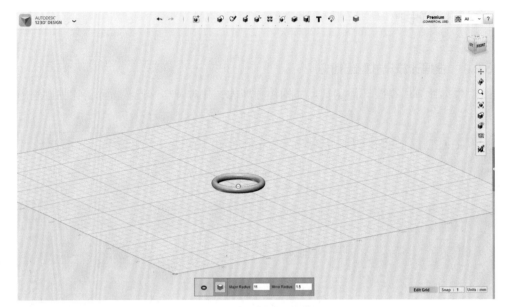

图 6-5　创建圆环体

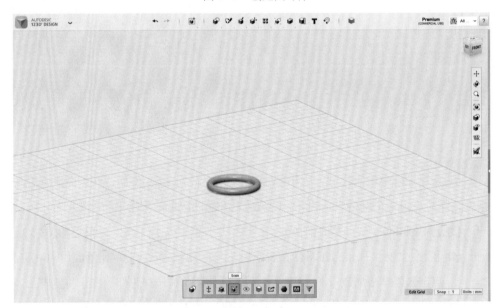

图 6-6　使用【缩放】（Scale）工具

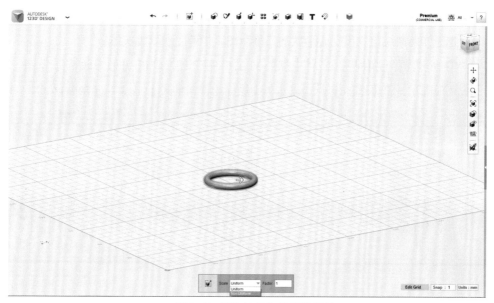

图 6-7　等比缩放与非等比缩放

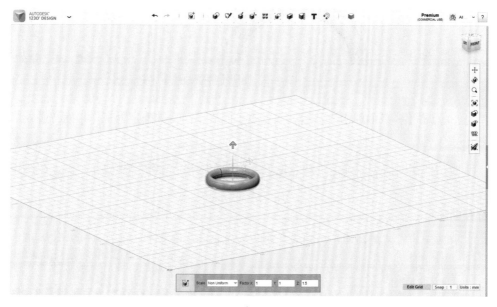

图 6-8　进行非等比缩放

6.2.2 绘制爱心

先用样条曲线绘制出爱心形状的二维草图，拉伸生成三维实体。

(1) 在屏幕右上角视图立方体上点击 Top，将视角切换到正视图，开始绘制草图。从顶部工具箱【草图】（Sketch）中选择【样条曲线】工具（图 6-9）。

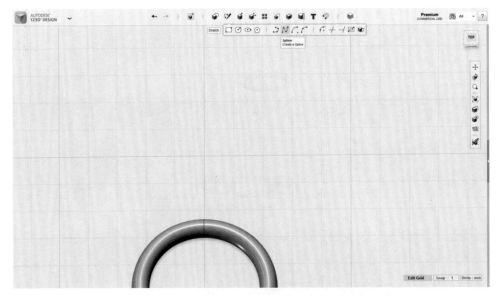

图 6-9　使用【样条曲线】工具

(2) 点击【样条曲线】工具后，任意点击网格平面将其确定为工作平面，进入草绘模式。

点击任意网格点即确定了起点位置，依次在网格上确定出其他三个点，在终点

样条曲线

样条曲线由给定的一组控制点而得到一条曲线，曲线的大致形状由这些点予以控制。样条曲线能够更灵活自由地绘制出复杂的形状，对于绘制不规则轮廓非常方便。只要你任意给定两个以上的点，便能生成一条样条曲线。因为样条曲线非常光滑，被广泛应用于构建曲面。

绘制完成样条曲线后，还可以对已形成的形状进行修改。无需进入草图绘制状态，只需简单地拖动任意控制点到指定的位置即可。

处双击结束一段曲线的绘制。此时并没有退出草图模式，仍可继续绘制另外一段曲线，并且第二段曲线的绘制不会影响已绘制的曲线形状（图 6-10）。

（3）点击第一段曲线的终点作为起点，开始绘制第二段曲线，至两段曲线构成封闭轮廓，形成爱心形状（图 6-11）。

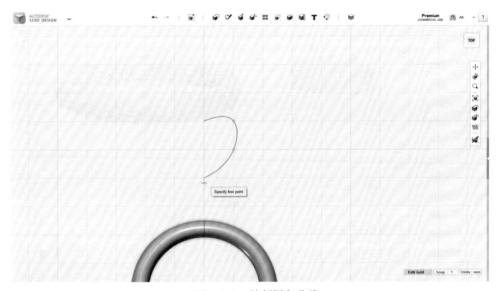

图 6-10　绘制样条曲线

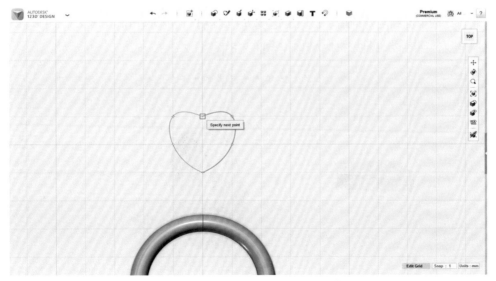

图 6-11　使用样条曲线绘制心形草图

(4) 选择【拉伸】（Extrude）工具，点击爱心草图轮廓，拖动箭头拉伸长度 3mm。这样，指环和爱心都完成了，接下来要把指环和爱心放到一起（图 6-12）。

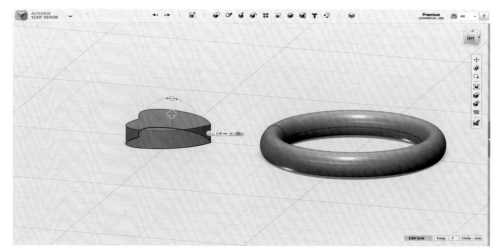

图 6-12　拉伸心形草图

6.2.3　完成模型并生成 STL 文件

将网格平面视作 3D 打印机的底板，爱心平面朝下紧贴底板将更有利于 3D 打印，并且不需要增加支撑。所以，将指环旋转立起来，并移动到爱心上完成戒指模型，接着就可以导出成可打印格式 STL 文件进行 3D 打印了。

(1) 选中已经画好的指环，使用【移动 / 旋转】（Move/Rotate）工具，拖动旋转操纵杆旋转 90° 使圆环体立起来（图 6-13）。

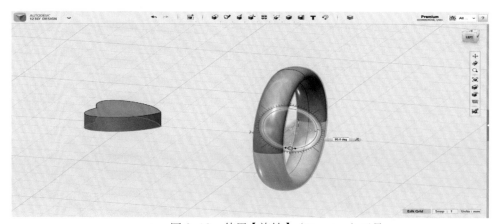

图 6-13　使用【旋转】（Revolve）工具

(2) 拖动箭头调整圆环体到正确的位置，与爱心贴合完成模型（图 6-14）。

(3) 完成整个模型后，导出成可打印格式 STL 文件，即可进入打印阶段。点击左上角的软件图标打开应用菜单，选择【导出成 3D…】中的【STL】（图 6-15）。

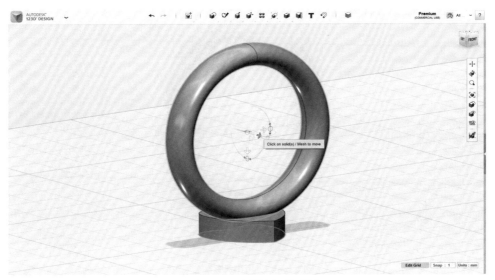

图 6-14　摆放圆环与爱心

图 6-15　导出 STL 文件

(4) 点击菜单中的【STL】项，弹出【网格划分设置】对话框可供选择网格划分的细致程度，勾选【合并对象】，点击【确定】（图 6-16、图 6-17）。

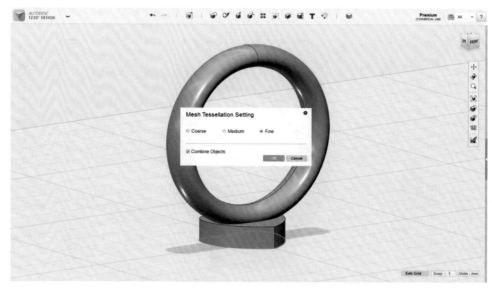

图 6-16　使用模型细致程度

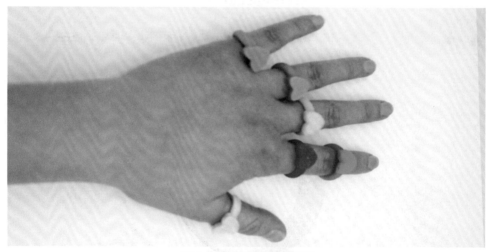

图 6-17　戒指打印成品图

6.3　课后练习

请制作漂亮的项链坠

准备材料：

绳或项链。

要点提示：

合理设计项链的穿孔部分，例如穿孔的方向与项链坠正面垂直，同时请通过改善设计尽量避免打印时使用支撑。

第 7 章　哨子

本章中介绍的功能和技术：

- 使用多段线绘制圆弧
- 将实体面投影到平面上，创建出二维草图
- 使用草图基本体绘制轮廓

3D 打印耗时： 30 分钟

7.1　制作前的准备

7.1.1　分析哨子结构

哨子的主要结构有：进气口、出气口、内腔、发声球（图 7-1）。

当气流高速地从一个比较窄的缝隙中流过造成气流紊乱，从而使哨子发出声音。

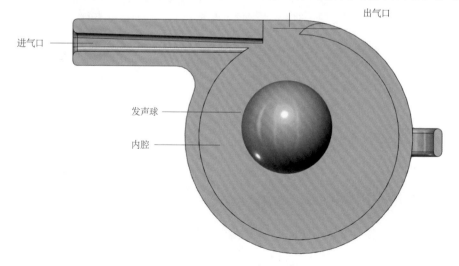

图 7-1　哨子分解图

哨子嘴主要是让气流对着哨子的开口缝隙冲击，引起哨子内空气的振动。吹哨子时流过哨子口的气流速度也会影响哨子的发声频率，气流速度大时比气流速度小时发声频率高。改变出气口尺寸也可以改变哨子的发生频率。

要设计出一个能正常发声的哨子，在构建模型时需注意进气口的尺寸，为了在吹哨子时流过哨子口的气流速度大，进气口要窄，出气口不能太大。

7.1.2　整理建模思路

有了以上的结构分析，再来看从何处下手构建模型，可以让建模过程既简单又流畅。对于复杂模型，理清建模思路，找到正确的起点尤其重要。

第一，哨子的基本形状最重要，进气口、出气口和内腔都是在基本形状的基础上建立的。形状并不复杂，绘制草图拉伸即可生成三维实体。

第二，哨子的内腔里要放置发声球，怎么样更方便容易地放进去，且处于正确的位置。观察哨子的正视图，会发现它是左右对称的。既然是对称结构，就可以只构建一半的模型。那么，在一半哨子的内腔里准确地放置发声球就变得非常简单，然后镜像出另一半。

第三，将3D打印因素考虑进设计过程。怎样设计发声球更有利于3D打印，而且能一体成形。哨子的两个侧面都是平面，打印时可以将其中一个侧面朝下紧贴打印机底板，且内腔里的发声球放置在这一侧的内壁上。但是，球与内壁必须是面接触，才能在打印时保证球能完整地成形。如果直接将球放置在平面上，这样的点接触无法让球在打印时保持稳固，随着打印的进行最终将无法形成球体。那么，为了解决这个问题，球和平面必须形成面接触。在建模时，将球往平面下移动很小的距离即可。

7.2　建模步骤

7.2.1　构建哨子基本形状

（1）点击右上角视窗立方体中的Top进入正视图，开始草图绘制。使用【多段线】工具，任意点击网格平面确定工作平面，依次按照图中顺序确定4个点，绘制出3条线段（图7-2）。

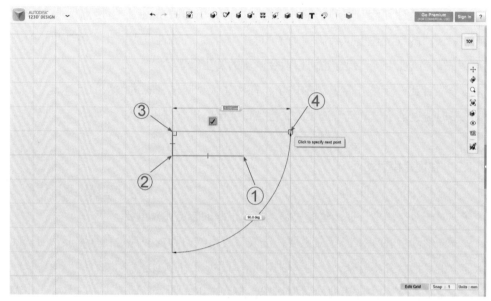

图7-2　使用【多段线】工具开始绘制线条

（2）接下来继续使用【多段线】工具画出圆弧，形成封闭草图轮廓。当确定第4个点后，在该点处按住左键，在要创建圆弧的方向上拖动鼠标，会发现绘制出的是圆弧线，并且与第4点相切，拖动鼠标至第一点，松开鼠标与其形成封闭草图轮廓（图7-3）。

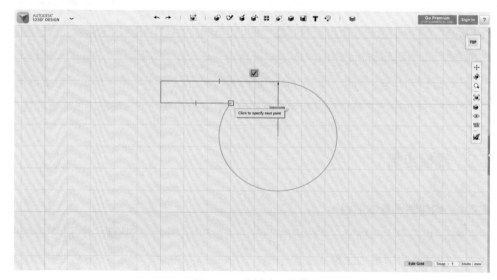

图7-3　绘制哨子外轮廓

（3）选择【拉伸】（Extrude）工具，将封闭草图轮廓拉伸至10mm，哨子的基本形状就完成了（图7-4）。

（4）对图中的两个平面做【抽壳】（Shell）。点击【抽壳】（Shell）工具后，先选择第一个面，然后在键盘上按住Ctrl点击第二个面，在属性框中输入壳的厚度为1.5mm，从而构建出哨子的内腔（图7-5）。

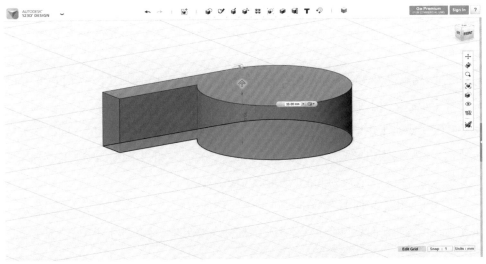

图7-4　拉伸哨子外轮廓实体

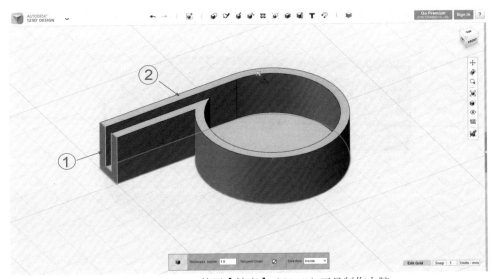

图7-5　使用【抽壳】（Shell）工具制作内腔

7.2.2　设计进气口和出气口

（1）从顶部工具栏【草图】（Sketch）中选择【投影】（Project）工具。利用此工具可以将模型上的几何图元投影到草图平面上。要在哨子模型的内腔平面上绘制与底面平齐的矩形草图，可以方便地利用投影几何图元工具生成准确的参考线（图 7-6）。

（2）点击【投影】（Project）工具后，先点击内腔平面作为草图平面（图 7-7）。

（3）再单击该平面与底面相交的一条边，则生成一条线被投影到草图平面上（图 7-8）。

（4）这条投影线将作为参考线，为绘制矩形草图提供方便。从【草图】（Sketch）中选择【矩形草图】工具，通过指定两个点来方便地创建矩形（图 7-9）。

（5）点击【矩形草图】工具后，点击投影线将该投影线所在的平面确定为草图平面，然后指定投影线右侧端点为第一个点，再指定第二个点，通过 Tab 键切换长宽输入框，绘制出长度为 4mm 的矩形（图 7-10）。

（6）使用【拉伸】（Extrude）工具，拉伸矩形至 10mm，会发现这时的矩形显示为红色透明，而且与哨子实体相交的部分会被切掉。【拉伸】（Extrude）工具

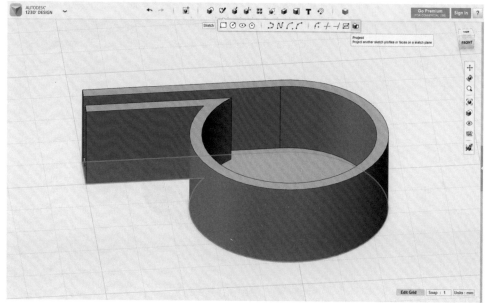

图 7-6　用【投影】（Project）工具

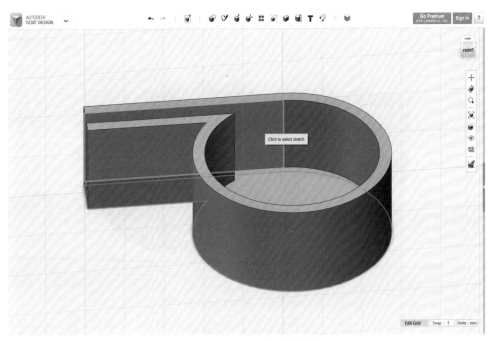

图 7-7　选择草图平面

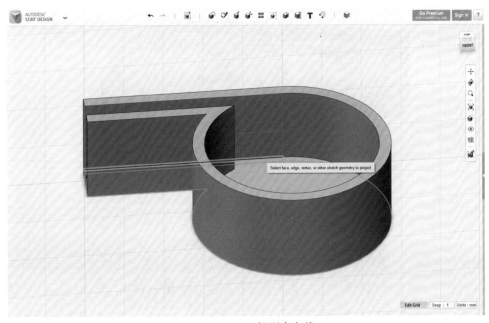

图 7-8　投影参考线

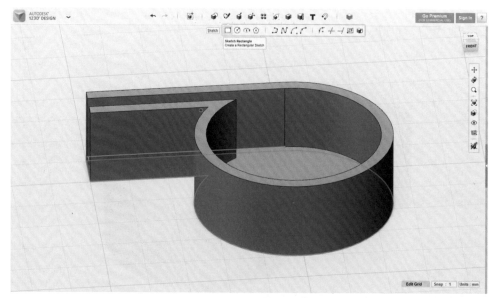

图 7-9　使用【矩形】工具

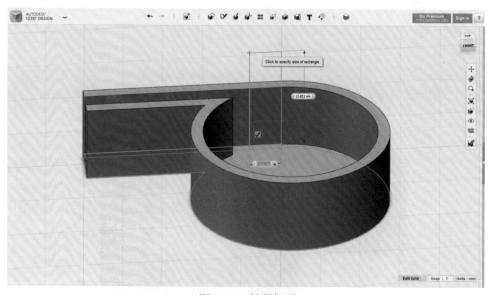

图 7-10　绘制矩形

在拉伸过程中会基于与当前实体的关系，自动选择合并方式。当拉伸实体与当前实体相交时，将自动选择相切。如果不需要在拉伸过程中去与当前实体相切，打开属性输入框后面的下拉菜单可手动选择（图 7-11）。

（7）这时，交错的草图线条看起来杂乱无章，影响视线。在右侧【导航栏】中选择【隐藏草图】，工作区域所有的草图将不可见（图7-12）。

（8）为了让气流能高速地从一个比较窄的缝隙中流过，在哨子的进气口出要稍作处理。使用【扭曲】（Tweak）将进气口接近内腔的地方变窄些。从顶部工具栏【修改】（Modify）中选择【扭曲】（Tweak）（图7-13）。

（9）【扭曲】（Tweak）工具作用的对象为：点、边、面。点击【扭曲】（Tweak）

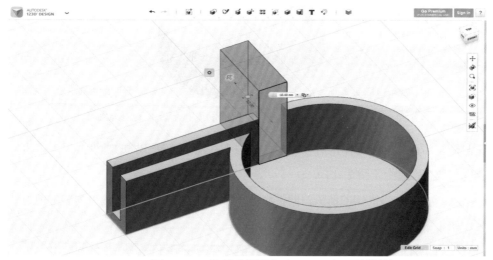

图7-11　使用【投影】（Project）工具做剪切

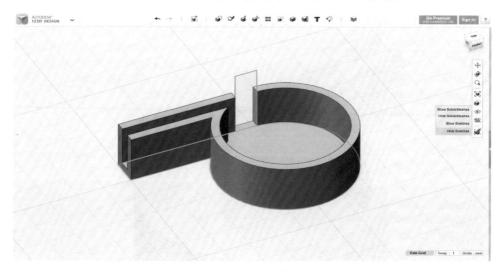

图7-12　隐藏草图

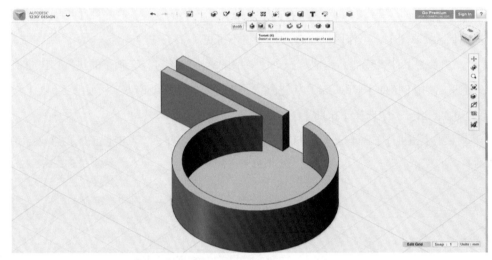

图 7-13　使用【扭曲】（Tweak）工具

工具后，当鼠标靠近可作用对象时会出现与【移动】工具一样的操纵器，点击边将操纵器放置在边上（图 7-14）。

（10）拖动操纵器的箭头，向下移动 0.5mm。这样，进气口接近内腔的地方就变窄了（图 7-15）。

（11）为了让气流在出气口时更流畅，对边缘做平滑处理。使用【倒圆角】（Fillet）工具，做半径为 3mm 的圆角（图 7-16）。

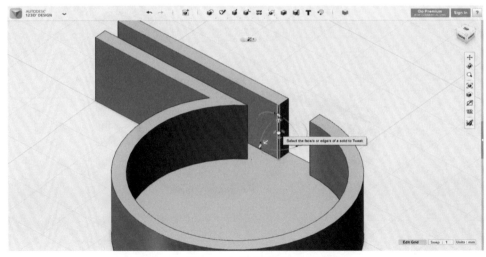

图 7-14　选择边进行扭曲操纵

7.2.3　添加发声球

（1）从【基本形状】（Primitives）中选择【球体】，输入半径 5mm。移动鼠

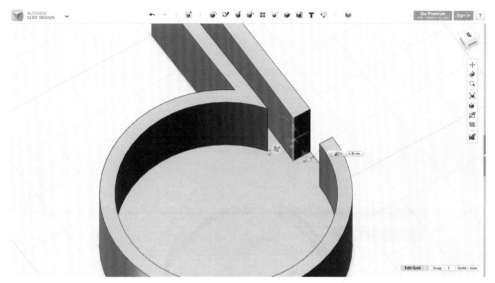

图 7-15　使内腔变窄

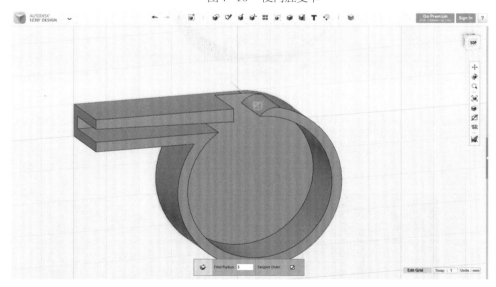

图 7-16　使用【倒圆角】（Fillet）工具

标到内腔表面，球体会自动吸附该平面，点击鼠标球体即被放置在平面上（图 7-17）。

（2）视角切换到后视图，观察球体与内腔平面的关系。球体与内腔只有点接触，

这样将无法让球在打印时保持稳固，随着打印的进行最终将无法形成球体。所以，需要将球体往平面下移动很小的距离（图 7-18）。

（3）选择球体，在顶部工具栏中点击【移动】工具，拖动向上的箭头，然后在输入框中输入 –0.1mm，球体即会向下移动 0.1mm，从而与内腔形成面接触（图 7-19）。

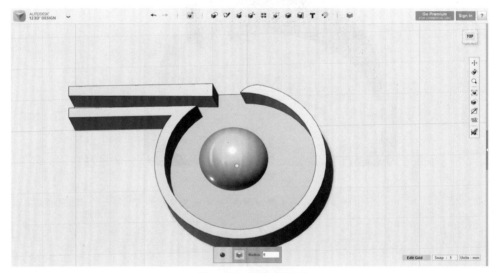

图 7-17　添加发声球

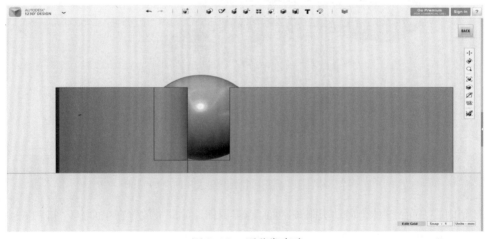

图 7-18　平移发声球

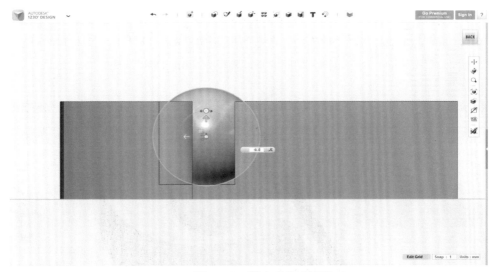

图 7-19　增大球体接触面

7.2.4　完成模型

（1）接下来，对一些尖锐的边角做平滑处理，让模型看起来比较柔和。在内腔与进气口的外侧做半径为 2mm 的倒圆角（图 7-20）。

（2）再次使用【倒圆角】（Fillet）工具，选择除对称面以外的所有底边和侧边，做半径为 0.5mm 的圆角（图 7-21）。

（3）选中哨子的外壳，使用【对称】工具，基于中间平面做对称（图 7-22）。

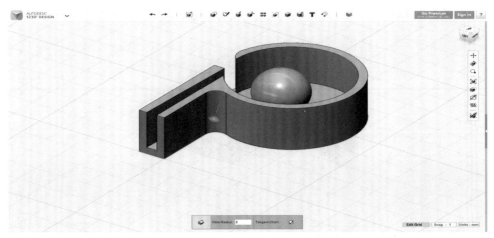

图 7-20　使用倒圆角平滑内腔与进气口

（4）设计一个穿绳子的孔将哨子挂起来。在设计时，注意两点：孔要足够大，使绳子能顺利通过；外环不能太薄，否则 3D 打印机无法完成打印，而且容易损坏。先在同一草图平面上画出草图，中间的空洞直径为 3mm（图 7-23）。

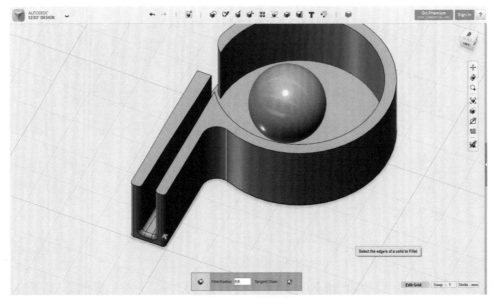

图 7-21　使用倒圆角平滑其他边

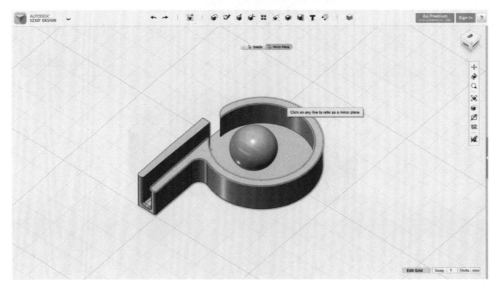

图 7-22　使用【对称】工具

（5）拉伸外轮廓与圆中间的区域，拉伸长度为 3mm（图 7-24）。

（6）使用【移动 / 旋转】（ Move/Rotate ）工具，将拉伸好的实体旋转 90° 立起来，移动到哨子主体合适的位置。挂环实体要稍微嵌入哨子里面一点，但是不能超过薄壁的内侧（图 7-25）。

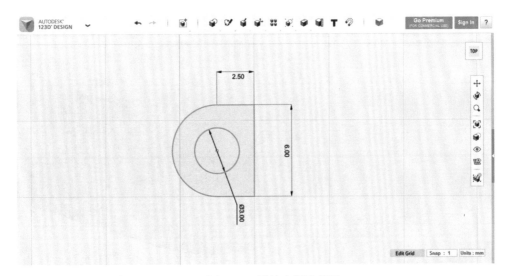

图 7-23　设计穿绳孔草图

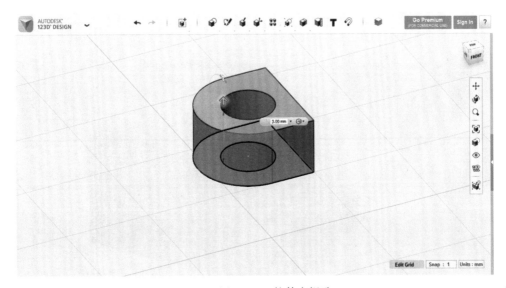

图 7-24　拉伸穿绳孔

（7）通过【合并】（Merge）工具，将哨子主体和挂环合并成一个整体（图7-26）。

（8）对结合部的上下两个短边平滑处理，做半径为3mm的圆角。如果在结合处不做平滑处理，挂环将完全垂悬，打印时就需要加支撑结构。当加了圆角平滑后，

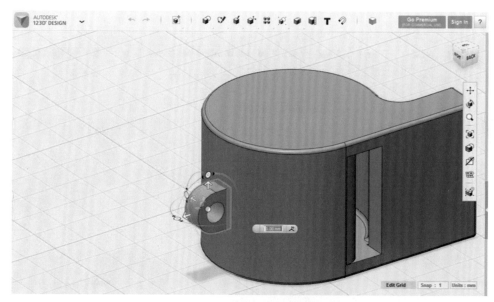

图 7-25　移动穿绳孔到哨子实体

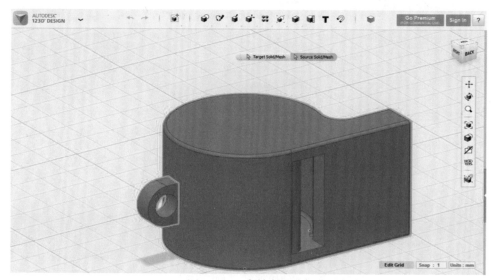

图 7-26　合并穿绳孔与哨子实体

打印时就能顺利过渡，而不需要任何支撑结构（图 7-27）。

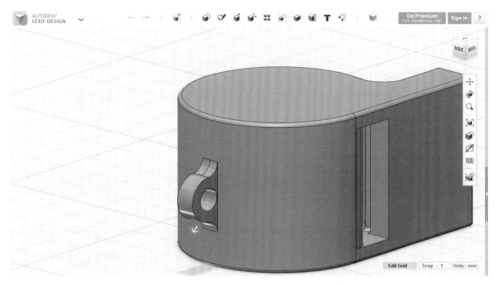

图 7-27　平滑穿绳孔避免使用支撑

7.2.5　打印成形

　　半小时后哨子打印完成。但是，这时的发声球和内腔底面是结合在一起的，发声球要能在空腔内自由滚动才有助于哨子发声。用一个细小的工具，从出气口伸进去，将发声球从内腔底面剥离下来（图 7-28）。

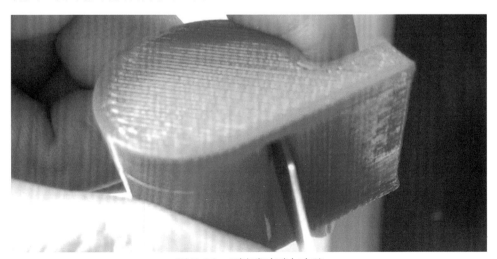

图 7-28　剥离发声球与内腔

图 7-29　哨子成品图

7.3　课后练习

请制作不同长度的圆柱型哨子，吹吹看音调有什么不同。

第 8 章　火箭小夜灯

本章中介绍的功能和技术：

- 将设计模块化，保存至云服务器
- 设置网格平面大小，以适应打印机平台
- 使用旋转特征创建实体
- 用草图线将一个实体分割成两个独立实体
- 环形阵列复制出多个实体对象

3D 打印耗时： 20 分钟

- 灯座耗时：4 小时 10 分钟
- 灯罩耗时：6 小时 40 分钟

8.1　制作前的准备

8.1.1　设计模型固定灯口

　　准备好带线、插头和开关的灯口（如图 8-1 左侧图所示），这样的灯口在市场上很容易就可以买到。有了现成的灯泡和灯口，就需要设计合适的灯口架将其顺利地安装进去。

　　绘出灯口架模型的大体结构，实现稳固安放灯口的功能，如图 8-1 右侧图所示。

　　（1）圆柱孔用来安放灯口，且底部不能打通；

　　（2）插头和开关必须能顺利通过圆柱孔底部的矩形孔。

8.1.2　分析火箭灯罩

　　有了灯口架，怎么将它放入灯罩里面？当灯口架放进灯罩里面后，灯口怎么安

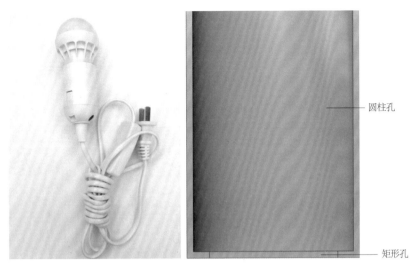

圆柱孔

矩形孔

图 8-1　灯泡与灯口

装？灯口底部伸出来的线怎么走才能不影响使用？台灯怎样才能在桌子上放得平稳，不会倒掉？这许多的问题，都需要在设计灯罩的时候加以考虑。将所有的需求写出来，对每个需求给出解决方案，最后集所有这些方案为一体，综合设计火箭灯罩。

　　如下表示，想出更多的需求进行分析，使设计变得更人性化。在解决需求的同时，尽早地引入 3D 打印因素，对组装件的结合处做打印测试，选取合适的间隙差值。

表　分析火箭灯罩

需 求	解决方案
灯罩需要透光	薄壁不能太厚，否则透光性不好，薄壁厚度为 1.5~2mm
有了灯口架，怎么将它放入灯罩里面？	灯罩是个空腔结构，灯口架与底部相连，并且保留灯口架底部的矩形孔
当灯口架放进灯罩里面后，灯口怎么安装？	灯口、插头和开关线等装置，将是自上而下安装，上面必须有很大的空间便于安装。所以，火箭不能一体打印完成，灯座和灯罩要分开打印。在设计模型时，选择恰当的接口方式，打印后可以轻松安装和拆卸
灯口底部伸出来的线怎么走不影响使用？	灯口底部有一小段线无法折弯，所以灯口底部与桌面距离不能太近
如何摆放进行打印？	面接触将是最稳固的方式，灯座如果尾翼向下会给打印带来困难。那么，把整个部分旋转 180°，尾翼朝上且内部灯口架与切口平齐，这样让打印更轻松
上下两部分之间最后怎么连接起来？	在整个薄壁上做卡扣结构，将灯座的卡扣切割成几份，留有足够的缝隙，增加安装时的弹性

根据以上的需求和解决方案，画出火箭灯罩的设计图（图8-2）如下：

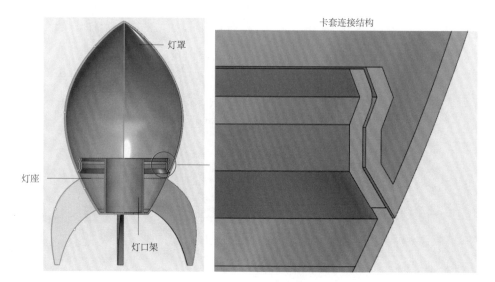

图 8-2　火箭灯罩设计图

8.1.3　测量灯口尺寸

盲目的建模只会给打印带来困难，且功能不能完美呈现。要想让建模变得更有效率，测量出准确的尺寸至关重要。

测量图 8-3 中所示的尺寸：

（1）灯口的直径 R，和长度；

（2）开关的长 b，宽 a；

（3）插头的长 d，宽 c。

经测量获得数据如下（以自己购置的灯口测量尺寸为准）：

R=37mm，长度为 60mm；

a=20mm，b=26mm；

c=20mm，d=28mm。

8.1.4　计算分割位置

为了让灯座在打印过程中更稳固，且不影响外部质量，把整个部分旋转

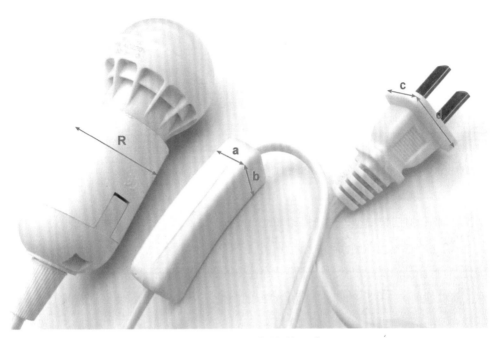

图 8-3　测量灯泡尺寸

180°，尾翼朝上且内部灯口架与切口平齐。要计算分割位置，首先确定如下尺寸：

1. 灯口架的测量长度为 60mm，设计尺寸定为 55mm，留出一定的距离方便拆卸灯口。

2. 卡套的高度，设计尺寸为 15mm。

那么，分割线位置为距离火箭底平面 40mm 处。

8.1.5　整理建模思路

对于这种与实物相结合的设计，尺寸很重要，对局部进行反复的打印测试和修改也同样重要。从虚拟到现实的过程总是存在误差，尤其对于复杂模型，或体积比较大、打印时间较长的模型，为了确保最后对整个模型的打印能一次成功，局部模型的反复打印测试是值得的。对于台灯的设计，分三步进行：

第一，构建灯口架的模型，进行打印测试；

第二，设计灯罩和灯座的卡套连接，并打印测试；

第三，设计火箭尾翼，合并灯口架。

8.2　建模步骤

基于测量的数据，设计出灯口架的模型，进行打印测试。观察插头和开关能否顺利通过矩形孔，灯口能够插进圆柱孔。如果无法满足这两个条件，修改模型尺寸再次打印测试，直到完美实现这两个功能。

8.2.1　构建灯口架模型，进行打印测试

（1）将视角切换到 Top 视图，使用【草图圆】绘制一个直径为 37.5mm 的圆。因为 3D 打印品的实际尺寸与设计尺寸存在误差，所以在设计时就需要预留出误差量，保证灯口能插进打印出的圆柱孔里。灯口的测量尺寸是 37mm，半径误差量 0.25mm（图 8-4）。

（2）选择【草图矩形】（Sketch Rectangle）工具，在圆内画出一个长 30mm，宽 20mm 的矩形（图 8-5）。

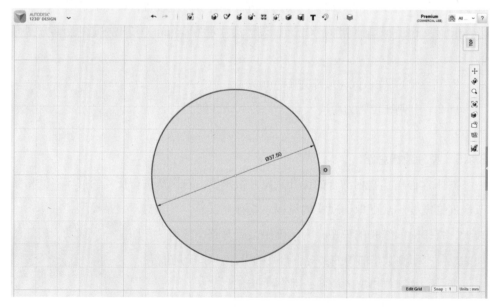

图 8-4　使用【草图圆】工具

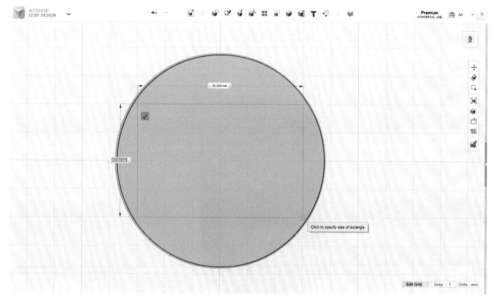

图 8-5　使用【草图矩形】（Sketch Rectangle）工具

（3）点击【拉伸】（Extrude）工具，同时选中草图圆和矩形一起拉伸至 55mm，生成圆柱体（图 8-6）。

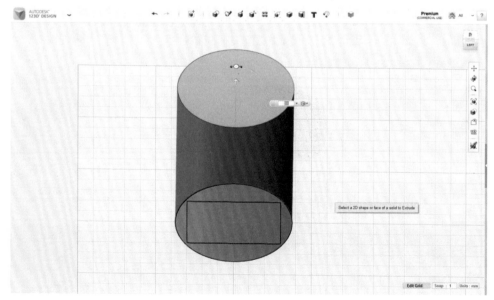

图 8-6　使用【拉伸】（Extrude）工具

（4）使用【抽壳】（Shell）工具，单击圆柱体上表面构建壳体。在属性栏中，打开方向下拉菜单,选择【向外侧】确保内壁的尺寸不变,输入厚度为1.5mm(图8 7)。

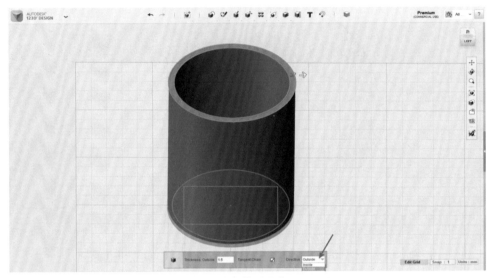

图 8-7　使用【抽壳】（Shell）工具

（5）再次使用【拉伸】（Extrude）工具，从腔体内侧选择矩形草图，对矩形轮廓进行拉伸，在圆柱体底部切除矩形部分，形成矩形孔（图 8-8）。

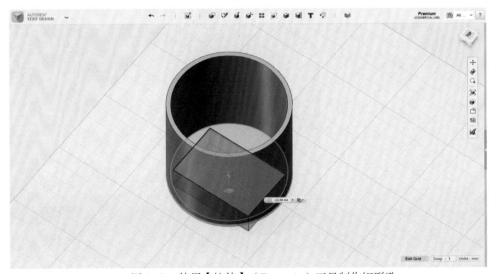

图 8-8　使用【拉伸】（Extrude）工具制作矩形孔

（6）到此，完成灯口架部分的模型。接下来，导出 STL 文件，并且 3D 打印（图 8-9）。

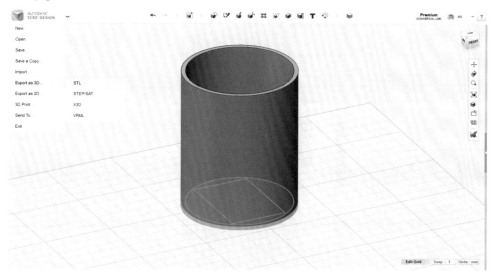

图 8-9　打印灯口架

（7）打印耗时 1 小时 30 分钟，完成打印后，进行安装测试。插头和开关都能顺利通过，并且灯口安装合适，已完美实现灯口架的功能（图 8-10）。

（8）灯口架打印测试成功，可以将模型保存至云服务器。首先，使用 Autodesk ID 登录，从应用菜单中选择【保存…】，点击【到我的项目】，在弹出的对话框中输

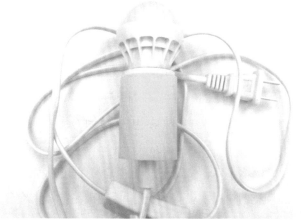

图 8-10　安装测试

入有关信息，点击【保存】即开始保存至云服务器。如果，将此模型设置为【公共】，则其他用户可见且任意使用；设为【私有】，则只供自己使用（图8-11）。

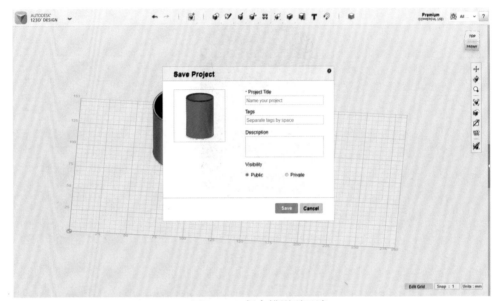

图 8-11　保存模型到云端

8.2.2　设置网格平面大小

台灯往往体积较大，设计外形时要时刻关注整体模型的体积变化，如果体积大于3D打印机最大可承受的体积，则无法进行打印。不同的打印机有不同的体积承受能力，根据所使用机型进行设计。

（1）从应用菜单中选择【新建】（New），新创建一个空白场景（图8-12）。

（2）点击屏幕右下角【编辑网格】按钮，打开设置对话框。可以从预设菜单里选择3D打印机的机型，网格平面的大小会做相应变化与该机型打印平台尺寸对应。如果预设菜单中找不到对应的机型，可从菜单中选择【自定义】，手动输入尺寸数值（图8-13）。

（3）点击【更新网格】后，会发现蓝色的网格平面已经发生了变化。有了网格平面做参考，可以随时观察模型，尽早发现是否超出了打印机平台体积，及时对模型做调整（图8-14）。

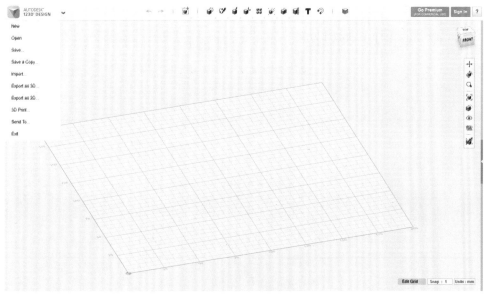

图 8-12　新建文件

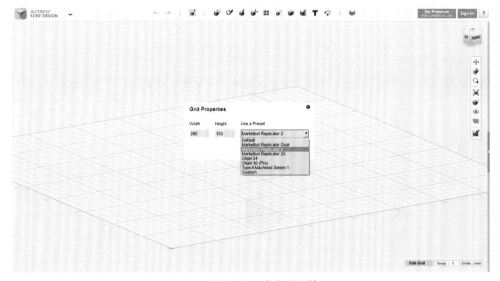

图 8-13　自定义网格

8.2.3　设计卡扣连接，并打印测试

（1）从基本形状中拖一个正方体，放置在网格平面中间作为参考（图 8-15）。

（2）进入【多段线】工具，点击正方体的左侧面作为草图平面。切换到左视图视角，按照顺序确定 1、2、3 点位置，画出两条线段，长度分别为 25mm、190mm（图 8-16）。

（3）选择【样条曲线】功能，先点击已经画好的线条，选择同一草图平面绘制

图 8-14　自定义网格到打印平台尺寸

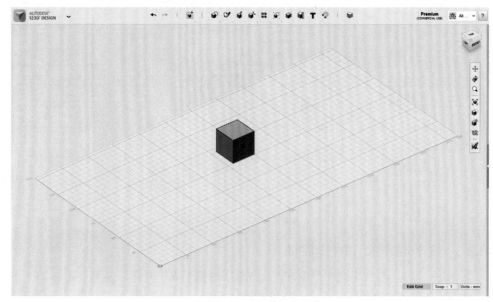

图 8-15　放置参考中心

火箭截面轮廓曲线，与两条直线段形成封闭草图轮廓（图8-17）。

（4）再次使用【样条曲线】工具，点击已经画好的线段，和这些线段在同一草图平面上绘制出尾翼的截面轮廓，与火箭轮廓曲线形成封闭草图轮廓（图8-18）。

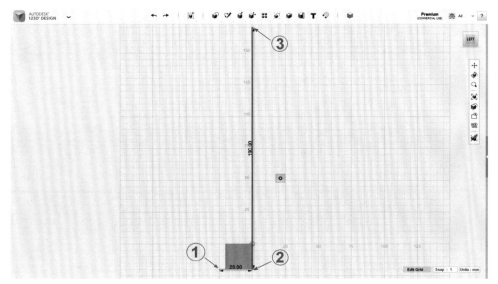

图 8-16　绘制火箭草图

（5）接下来，画出分割线。分割线位置为距离火箭底平面40mm处。使用【多段线】工具，选择草图平面，从底部线条开始向上数出8个网格的位置，横向画出

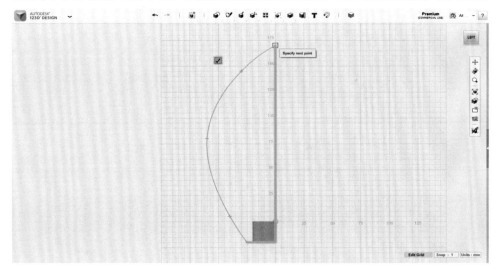

图 8-17　绘制火箭截面轮廓

任意长度的线段（图 8-19）。

（6）选择网格平面上的立方体，按 Delete 键将其删除。从顶部工具栏【构建】

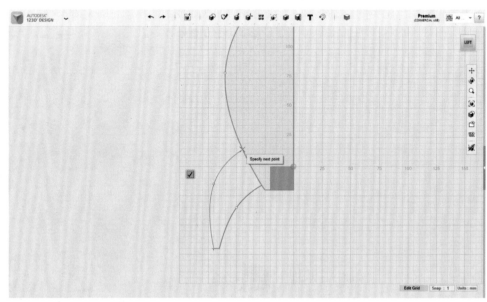

图 8-18　绘制火箭尾翼

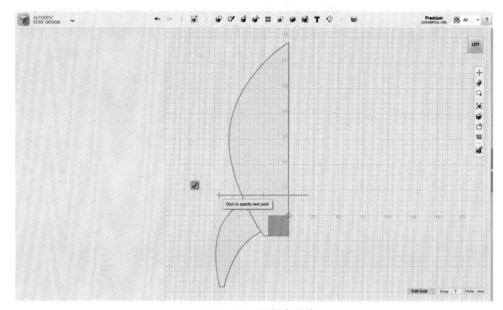

图 8-19　绘制参考线

（Construct）中选择【旋转】（Revolve）工具（图 8-20）。

（7）点击【旋转】（Revolve）工具后，选择火箭的截面轮廓，然后在属性条中切换到轴，点击与网格平面垂直的直线作为旋转轴。拖动旋转操纵杆至 360°，或直接在输入框中手动输入，形成旋转体（图 8-21）。

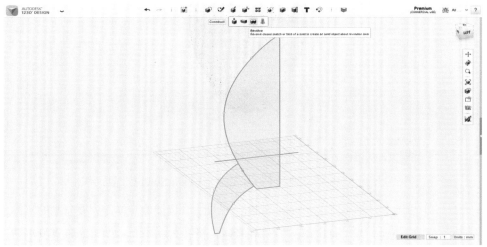

图 8-20　使用【旋转】（Revolve）工具

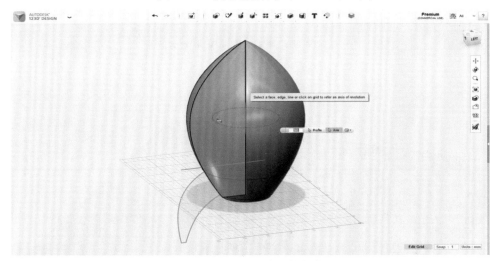

图 8-21　生成火箭实体

（8）从顶部工具栏【修改】（Modify）中选择【分割实体】（Split Solid）工具（图 8-22）。

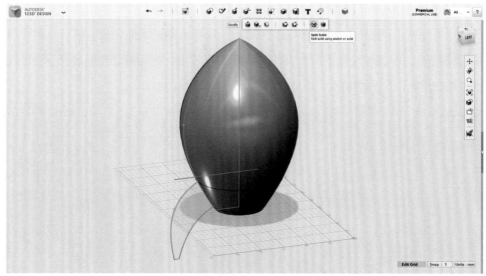

图 8-22　使用【分割实体】（Split Solid）工具

（9）点击【分割实体】（Split Solid）工具后，选择旋转体作为要分割的实体，在属性条中切换到分割工具选项，选择横向线条，将出现一个与草图平面垂直的平面，且与旋转体相交。点击工作区域任意位置，退出【分割实体】（Split Solid）工具，旋转体将被分割成两部分（图 8-23）。

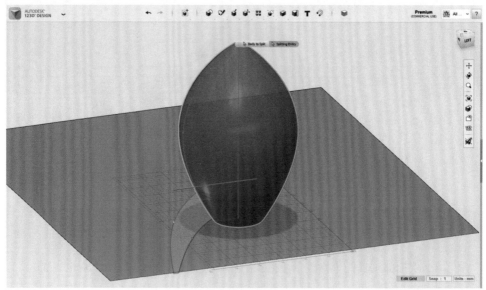

图 8-23　将火箭实体分为上下两部分

（10）选中灯罩旋转体，点击底部快捷工具栏中的图标，将实体隐藏不可见。在右侧导航栏中，选择【隐藏草图】，所有草图线条不可见（图8-24）。

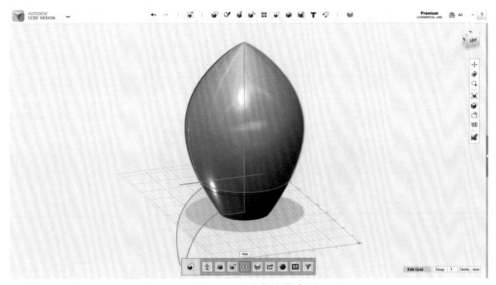

图 8-24　隐藏火箭上部

（11）使用【拉伸】（Extrude）工具，选择上表面作为拉伸轮廓，拖动箭头向上拉伸至 5mm，然后拖动角度操纵杆改变倾角为 –30°（图8-25）。

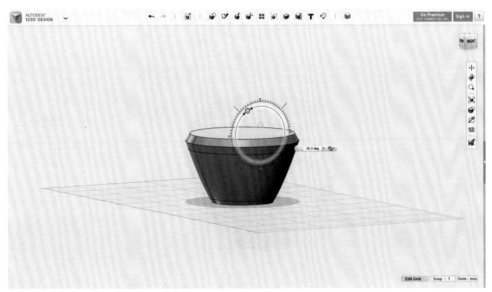

图 8-25　使用【拉伸】（Extrude）工具

（12）重复以上步骤，拉伸出其余的三段。长度 4mm；长度 3mm，角度 25°；长度 3mm，角度 -25°（图 8-26）。

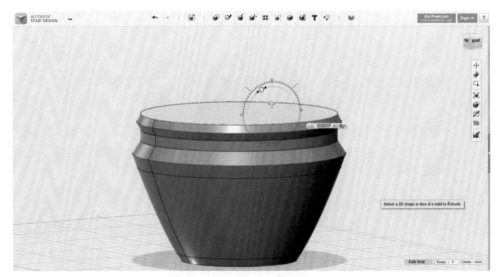

图 8-26　制作卡槽

（13）从右侧导航栏中选择【显示实体】，将隐藏的实体显示出来（图 8-27）。

图 8-27　显示实体

（14）点击【显示实体】后，会显示出被隐藏的所有实体模型。选择灯座，在同一位置复制粘贴（Ctrl+C、Ctrl+V）出另一个实体（图8-28）。

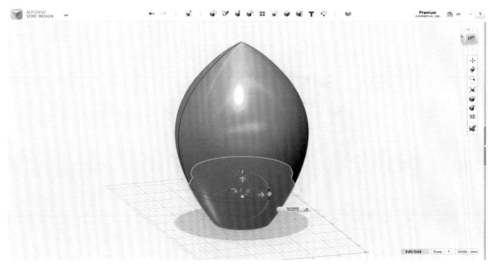

图 8-28　使用【复制粘贴】工具

（15）选择【相减】（Subtract）工具，点击上半部作为目标对象，选择下半部作为源对象，做相减。鼠标左键点击工作区域任意位置，退出【相减】（Subtract）状态（图8-29）。

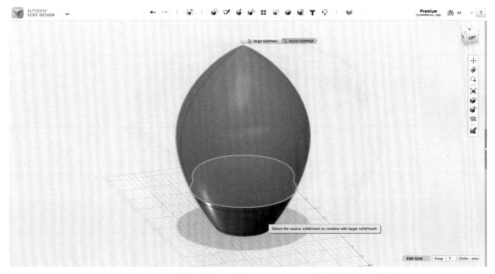

图 8-29　使用【相减】（Subtract）做火箭上部卡槽

（16）隐藏灯罩，使用【抽壳】（Shell）工具，点击上平面做抽壳，壳厚度为1.5mm（图8-30）。

图8-30　使用【抽壳】（Shell）工具挖空火箭下部

（17）从顶部工具栏【修改】（Modify）中选择【拖拽】（Press and Pull）工具，对卡扣外侧所有的面做向内侧偏移（图8-31）。

图8-31　使用【拖拽】（Press and Pull）工具

（18）点击【拖拽】（Press and Pull）工具后，选择卡扣外侧所有的曲面，输入偏移量为 −0.2mm（图 8−32）。

图 8−32　拖拽外侧曲面

（19）使用【倒圆角】（Fillet）工具，做出半径为 3mm 的圆角，对卡扣边缘做平滑处理（图 8−33）。

图 8−33　使用【倒圆角】（Fillet）工具平滑模型

（20）从基本体中选择【正方体】，设置尺寸长为 5mm，宽为 100mm，放置在底面上（图 8-34）。

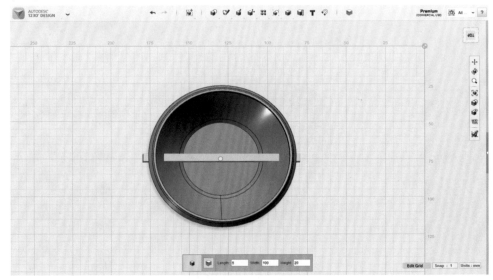

图 8-34　放置一个长方体

（21）复制粘贴（Ctrl+C、Ctrl+V）出另一个实体，使用【移动／旋转】（Move/Rotate）工具，旋转 90° 与原来的实体垂直相交。选中两个长方体，一起向上移动 40mm 与卡扣部分相交（图 8-35）。

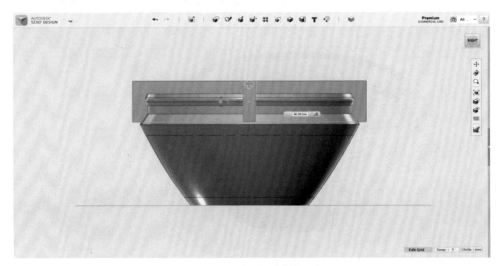

图 8-35　移动长方体

（22）使用【相减】（Subtract）工具，点击空腔作为目标对象，选择两个长方体作为源对象做相减，在卡扣上做出弹性空间（图8-36）。

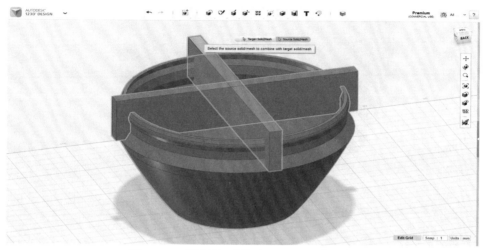

图 8-36　利用【相减】（Subtract）做出卡槽缺口

（23）在右侧导航栏中选择【显示实体】选项，显示出灯罩。然后，选中灯座，点击底部快捷工具栏中的图标，将其隐藏。使用【抽壳】（Shell）工具，点击内底面做抽壳厚度为 1.5mm（图8-37）。

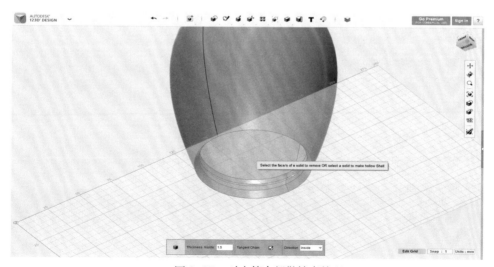

图 8-37　对火箭上部做抽壳处理

（24）点击【拖拽】（Press and Pull）工具，选择卡扣内侧圆柱面，拖动箭头向外偏移，在属性条中输入 -0.5mm（图 8-38）。

图 8-38　使用【拖拽】（Press and Pull）工具

（25）灯罩开口向下进行打印，开口的边缘需切出一个平面，才能使灯罩在实体打印时牢固地粘在打印底板上。放置一个正方体在网格平面上，长宽为 100mm，高为 40.5mm。使用【相减】（Subtract）从灯罩底部切去这个正方体（图 8-39）。

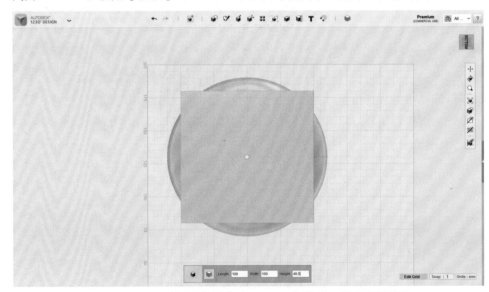

图 8-39　利用【相减】（Subtract）使开口底面成为平面

（26）登录用户名，将设计保存至云端服务器。将整个模型复制一份出来，切除多余实体，只留下卡扣的上下两部分，分别导出 STL 文件，进行打印测试。观察打印品两部分是否能顺利地卡进去，并且要能轻松拆卸（图 8-40）。

图 8-40　切取少量模型进行打印测试

（27）打印耗时分别为 1 小时和 40 分钟，完成打印后，进行安装测试。上下两部分能顺利卡进，也能轻松打开，说明间隙尺寸非常合适（图 8-41）。

图 8-41　完成打印测试

8.2.4　设计火箭尾翼，合并灯口架

（1）隐藏其他部件，只显示火箭的灯座和草图轮廓线（图8-42）。

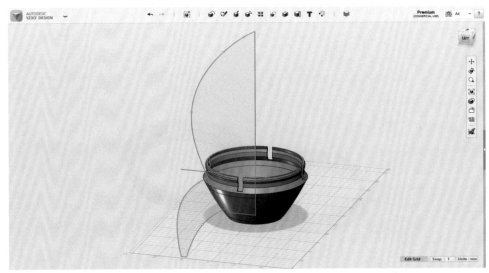

图 8-42　隐藏其他部分

（2）使用【旋转】（Revolve）工具，选择尾翼轮廓为旋转截面，然后在属性条中切换到轴，点击与网格平面垂直的直线作为旋转轴。拖动旋转操纵杆至5°，或直接在输入框中手动输入，且在下拉菜单中选择【新建实体】形成独立旋转体（图8-43）。

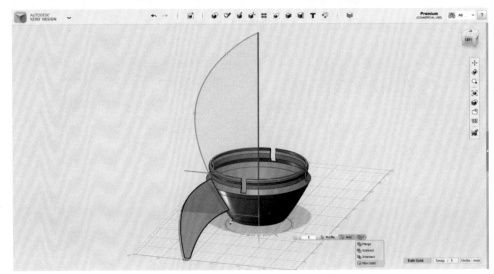

图 8-43　通过旋转制作尾翼

(3) 选中尾翼实体模型，从顶部工具栏【阵列】（Pattern）中点击【环形阵列】（Circular Pattern）工具，在属性条中切换到阵列轴选项，点击与网格平面垂直的直线作为轴进行阵列，在数量输入框中输入 4，则尾翼会绕着选定的轴复制出其他三个（图 8-44）。

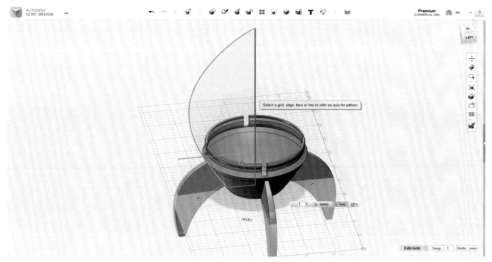

图 8-44　使用环形阵列完成其他三片尾翼

(4) 隐藏草图。使用【合并】（Merge）工具，将空腔体和 4 个尾翼合并（图 8-45）。

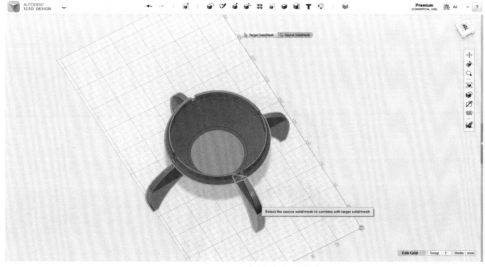

图 8-45　合并底部腔体与尾翼

(5) 导入已经设计好的灯口架到当前场景。点击左上角的软件大图标，在下拉菜单【导入……】中选择【3D 模型】，在【我的项目】分页下找到保存的灯口架模型。如果没有看见【我的项目】，而是登录页面，需要先登录用户名才能显示（图 8-46）。

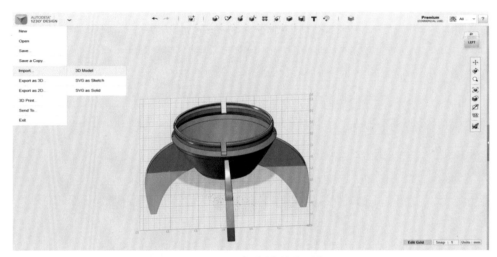

图 8-46　保存模型到云端

(6) 选中要导入的模型缩略图，点击对话框中右下角的蓝色按钮【导入所选项目】，模型将被插入当前场景中，跟随鼠标移动。鼠标移动到空腔内侧，点击底部将灯口架放置在平面上（图 8-47）。

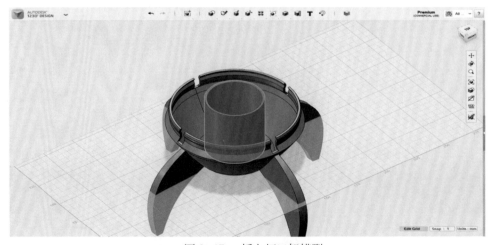

图 8-47　插入灯口架模型

(7) 在屏幕上选中这两个实体，使用【对齐】（Align）工具，在网格平面上做 X 和 Y 两个方向的居中对齐。点击屏幕上绿色的钩，退出【对齐】（Align）状态（图8-48）。

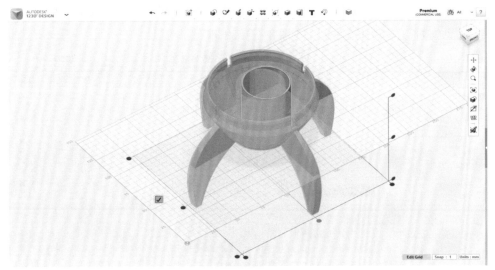

图 8-48　对齐灯口架与底座

(8) 切换视角到前视图，发现灯口架上表面与切口处平面不平齐。点击【拖拽】（Press and Pull）工具，选择灯口架的上环表面，拖动箭头，然后点击腔体上表面，将自动计算出两个平面之间的距离差，使两个平面平齐（图8-49）。

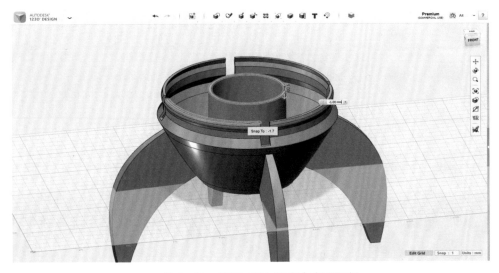

图 8-49　使灯口架与底座上表面平齐

(9) 切换视角到底部视图，从【基本形状】（Primitives）中选择【正方体】模型，移动鼠标到底部平面中心，正方体的中心将和底面中心吸附在一起。在底部属性框中设置正方体的尺寸与灯口架底部矩形孔大小一致，长为 20mm，宽为 30mm。点击鼠标，将长方体放置在底面上（图 8-50）。

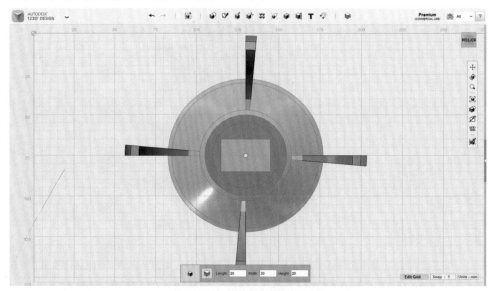

图 8-50　在底部放置一长方体

(10) 选中底部的长方体，向上移动至穿过整个底平面（图 8-51）。

图 8-51　准备利用长方体制作矩形孔

(11) 使用【合并】(Merge)合并空腔体和灯口架。然后, 使用【相减】(Subtract) 从底部切除长方体, 形成矩形孔 (图 8-52)。

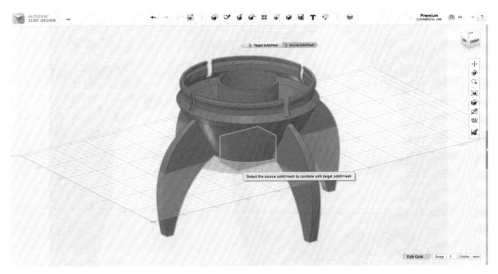

图 8-52　使用布尔运算完成合并火箭底座

(12) 这样, 就完成了整个模型 (图 8-53、图 8-54)。

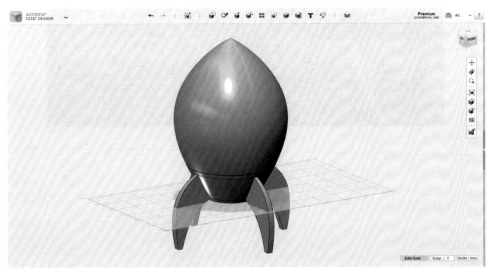

图 8-53　完成整个火箭灯罩设计

图 8-54　灯罩打印成品图

8.3　课后练习

　　请制作多款不同的灯罩，比如带花纹和文字的，有镂空图案的等，还能想出其他有创意的灯罩吗，请大家开动脑筋吧！完成后就可以根据季节心情更换家里的灯罩了！

第

3

部分 —— 玩转 3D 小技巧

玩转 3D 小技巧

选择合适的连接方式，可以给静态的 3D 打印物体增添活力，让它们动起来。本部分将介绍几种 3D 打印容易实现的方式，通过在不同打印机，用不同耗材进行多次打印测试，给出各个连接件的公差参考值。

1. 分体打印组装件公差比一体打印连接件公差小。

2. 对一体打印连接件，不同打印机和材料之间差别较大。

3. 由于材料的特性，PLA 所需要的公差大于 ABS。

第9章　123D Design 建模小技巧

123D Design 具有功能简单的特点，但这并不意味着它只能完成非常简单的设计，构建没有细节的方块模型。在 123D Design 建模中，可能会因为不具备某个专项功能而放弃构建复杂的形状。本章将介绍一些利用 123D Design 建模的小技巧，希望能举一反三地理解本章中的技巧方法，设计出具有创意的复杂模型来。

9.1　建模思路

9.1.1　构建思路的方法

建模思路是指导用户从何处入手完成一个设计的过程。在开始着手构建模型以前，一定要在心中模拟出整个过程，回答先做什么形状后做什么形状，用什么方法构建等问题。如果建模经历较少，还不能很好地理解整个模型的关系，可以拿起纸笔画出几个重要视图上的草图，辅助理解和分析模型，暂不考虑太多的细节。

其实，建模的过程跟画素描异曲同工。在画素描时，首先要画的是最简单的大轮廓，然后在轮廓的基础上进行细化。再复杂的物体也能归纳出一个大轮廓，由几个大平面或曲面构成的实体。一般来讲，简单的物体归纳为长方体、圆球、圆柱体等。只需在平时生活中多观察、多想、多画，随着时间的推移将变得越来越容易。

适用于所有建模工具的建模思路如下：

（1）建立模型的主要轮廓，做出模型的毛坯形状。

（2）对于复杂的模型，进行特征分解。

①分析零件的形状特点，然后把它分割成几个重要的特征区域，接着对各个区域再进行粗线条分解，直到在脑子里形成总体的建模思路，以及粗略的特征图，同时辨别出难点和容易出现问题的地方。

②按照先粗后细、先大后小、先外后里的原则建模。先做粗略的形状，再考虑细节逐步细化；先做大尺寸形状，再完成局部小尺寸；先做表面形状，再完成内部结构。

（3）先完成确定尺寸的部分，不确定的部分放在后期进行。

（4）确定基准。好的设计基准将会帮助简化造型过程，并方便后期设计的修改。

（5）困难的造型特征尽可能早地实现。如果能预见到某些造型特征实现起来较困难，尽可能放在前期完成，这样可以尽早发现问题，并寻找替代方案。

9.1.2 实例分析

以门把手为例。观察整个模型，发现可以分解为圆柱体、圆台和球。

那么，通过创建基本形状圆柱体、圆台和球体，将它们合并在一起，从而完成模型设计（如图 9-1 所示）。

可能还有另外一个方法来做这件事，就是画出截面图形，使用【旋转】（Revolve）工具绕中心柱旋转 360° 形成旋转体。首先，构建出截面封闭草图轮廓（如图 9-2 所示），在将草图线调整到满意后，再从工具栏菜单里选择【旋转】（Revolve）工具，点击选择截面轮廓和旋转轴，拖动鼠标或直接输入指定的旋转角度值，最后完成模型。

这两种方法都可以完成同一个物体，可是哪种方法更简单、省时省力，并且方便设计修改呢？显然会选择第一种方法。

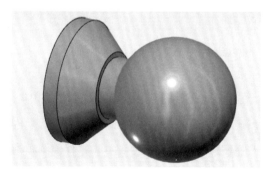

图 9-1　通过基本形体合并成实体

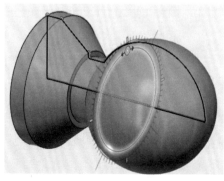

图 9-2　通过【旋转】（Revolve）工具生成实体

9.2 等间距圆角

圆角是建模设计中的常见结构,在结构连接处的应用起到简化和美化设计的作用。

如图 9-3 左侧图所示 L 形实体,宽度为 10mm,要在拐角处做圆角,内侧圆角半径为 10mm。在建模过程时,常会误以为在内外两侧做同样半径为 10mm 的圆角,就能保证与宽度等距。如图 9-3 右侧图所示,内外两侧圆角半径为 10mm 的效果。事实上,观察所得圆角半径相等却不等距。

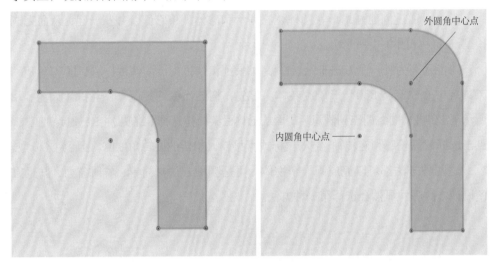

图 9-3 不共点圆角中心

9.2.1 圆角半径计算

L 形实体两段宽度都是 10mm,若要在拐角处做出等距的圆角,两圆角的中心点必须在同一点上,即共点。这样,内侧圆角半径为 10mm,外侧圆角半径就是内侧圆角半径和间距之和 20mm。如图 9-4 所示,内侧圆角半径 10mm,外侧圆角半径 20mm 的效果。

对于 L 形实体,两段宽度不一样的情况下,怎么计算半径。如图 9-5 所示,向左的一端宽度为 10mm,向下的一段宽度为 20mm。对两侧做圆角后,仍要保持间距不变,就不能要求两圆角的中心点共点,而是要共线,即两圆角中心点在同一水平线上,且两中心点之间的距离为两端宽度差 10mm。所以,外侧圆角半径仍然是 20mm。

	两段宽度相同，做出等距的圆角，两圆角的中心点必须在同一点上。
图 9-4　等间距圆角	
两段宽度不同，两圆角中心点在同一水平线上，且两中心点之间的距离为两端宽度差。	
图 9-5　等比例间距圆角	

9.2.2　实例应用——书签

（1）使用【多段线】工具，画出书签的外侧面轮廓线，对轮廓线做偏移，距离为 1.5mm。连接两条轮廓线的端点，形成封闭截面轮廓（图 9-6）。

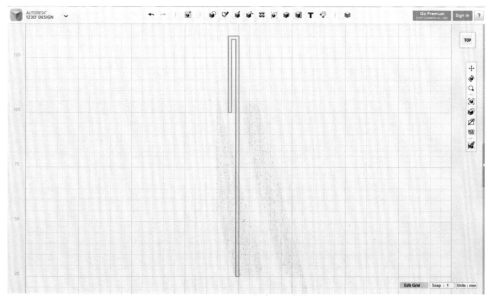

图 9-6　书签外轮廓线

（2）拉伸封闭轮廓，输入拉伸高度为 20mm（图 9-7）。

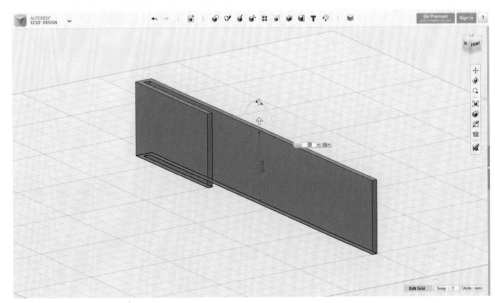

图 9-7　拉伸成书签实体

（3）对拐角内侧做圆角，半径为 1mm（图 9-8）。

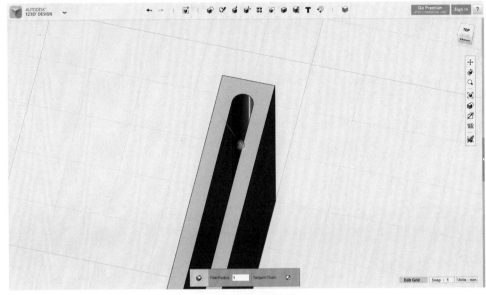

图 9-8　内侧倒圆角

（4）对拐角外侧做圆角，半径为 2.5mm（图 9-9）。

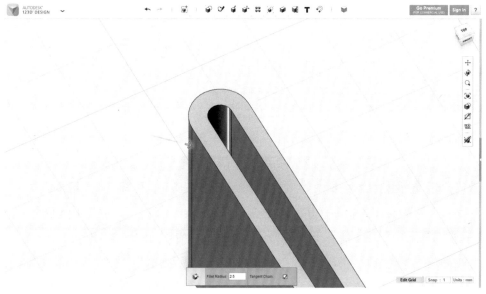

图 9-9　外侧倒圆角

（5）最后，对尖锐的棱角做平滑处理，完成简单的书签模型（图 9-10）。

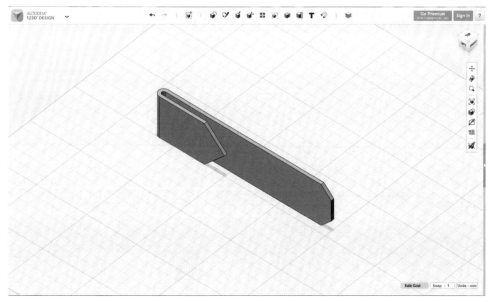

图 9-10　外侧倒等间距圆角

9.3 辅助线

9.3.1 辅助线的用途

善用辅助线,通过在一些重要的点上添加辅助线,能帮你轻松地捕捉到有用的点,或将复杂模型分割成简单形状,从而达到化繁为简,化难为易的目的。

123D Design 中没有专门的辅助线工具,但是绘制草图的直线工具可以达到同样的效果,并且【隐藏草图】命令可以将场景中充斥的草图线方便地隐藏起来。

如图 9-11 左侧图所示,要在折线右下侧画一个矩形。如果两侧距离是 5 的整数倍,可以在网格平面的辅助下,捕捉网格点确定矩形起点位置。如果是非整数倍,网格平面将无法起到辅助作用。若上边距横线距离为 12mm,左边距竖线距离为 8mm。最简单的方法就是,用【多段线】工具,从横线的左端点为起点画出一条与竖线重合长度为 12mm 的线段,再以这条线终点为起点画出一条长度为 8mm 的横线,然后以其终点为第一个角点绘制出矩形。

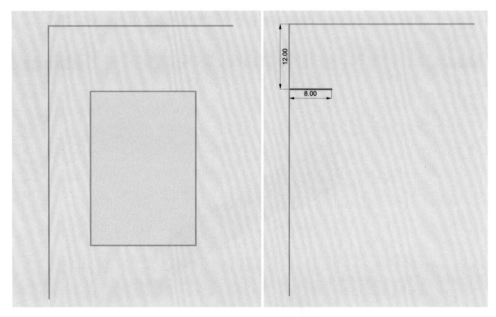

图 9-11　绘制辅助线

9.3.2　实例应用——五角星

有的三维设计软件里，将五角星作为扩展基本体提供。如果没有提供扩展基本体，怎么动手绘制一个标准的五角星？

五角星是以 5 条直线汇聚形成 5 个尖角的图形，想要徒手绘制一个标准的五角星形状是及其困难的。观察二维的五角星，如果把形成 5 个尖角的等腰三角形底部两点都连起来，会发现它是由一个 5 边形和五个等腰三角形组成。这样划分后，只要一个五边形的辅助就可以绘制出复杂的五角星形状（图 9-12）。

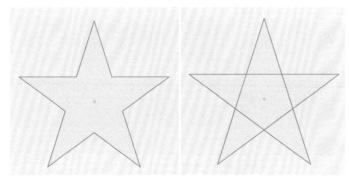

图 9-12　五角星草图分析

（1）在网格平面上绘制一个五边形。选择【草图】（Sketch）中的【草图多边形】，先确定中心点，移动鼠标确定半径，设置边数为 5（图 9-13）。

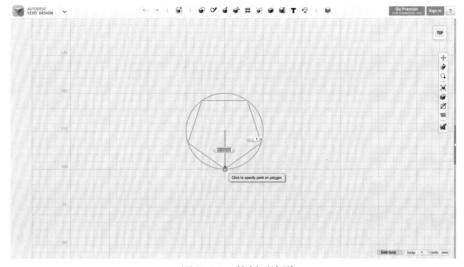

图 9-13　绘制五边形

（2）使用【草图】（Sketch）中的【延伸】工具，将五边形的 5 条边分别做两次延伸，直到所有延伸直线都形成封闭轮廓（图 9-14）。

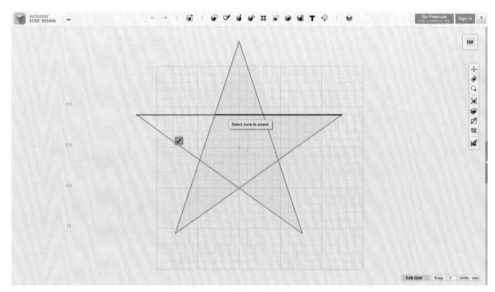

图 9-14　使用【延伸】（Extend）工具

（3）使用【草图】（Sketch）中的【剪切】工具，剪切掉中间五边形的五条边，完成五角星二维草图（图 9-15）。

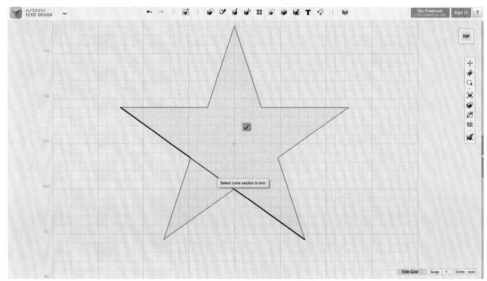

图 9-15　剪切多余线段

（4）分别连接相邻两个尖角的顶点和中心点，将五角星分割成两封闭区域（图9-16）。

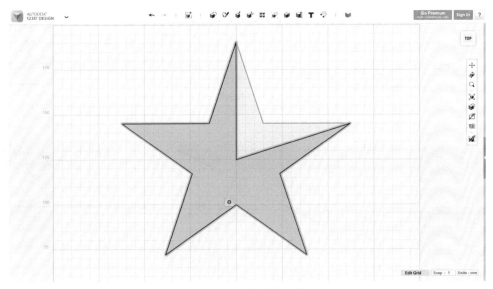

图 9-16　绘制分割线

（5）同时选中两个封闭区域，进行拉伸，高度为 1mm（图 9-17）。

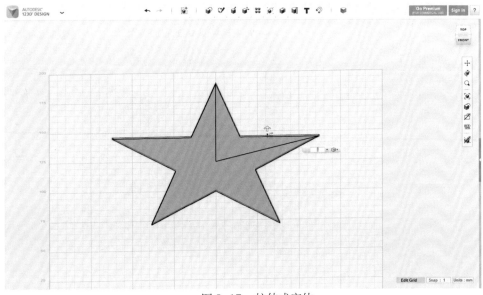

图 9-17　拉伸成实体

（6）从顶部主工具栏【修改】（Modify ）中选择【分割面】（Split Face）工具，分割五角星上表面（图 9-18）。

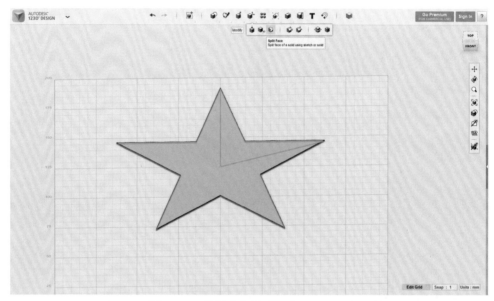

图 9-18　使用【分割面】（Split Face）工具

（7）选择五角星上表面作为被分割的平面，选择折线为分割物体，将表面分割成两部分（图 9-19）。

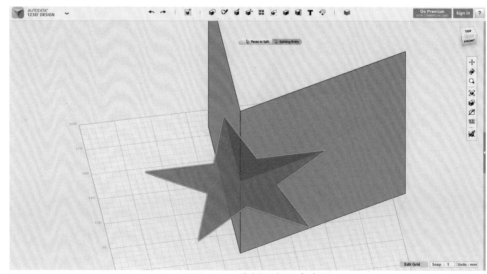

图 9-19　分割五角星上表面

（8）从【修改】（Modify）中选择【扭曲】（Tweak）工具，将操纵器放置在上表面中心点上，拖动鼠标向上移动 15mm，五角星的中心向上凸起，且上表面自动生成多个三角面（图 9-20）。

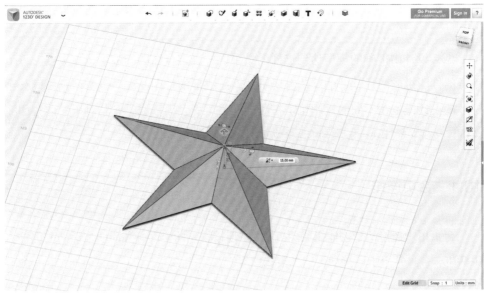

图 9-20　使用【扭曲】（Tweak）工具完成五角星

第 10 章　一体打印连接件

一体打印的连接结构，即在打印完成后，从打印底板上取下，连接直接就可以活动。

怎么设计出精确的模型达到这样的结果呢？确定合适的间隙余量很重要。每个型号的打印机或切片软件的算法有所不同，所成形的打印品误差也有区别，同一个尺寸的设计模型在不同的打印机上打印，结果可能大相径庭。尤其对于一体打印完成的连接件，0.1mm 的差异将造成截然不同的效果。

10.1　合页连接

合页用来连接两个物体组成两折式，是连接物体两个部分并能使之活动的部件。生活中，合页常用于连接橱柜门、窗、门等。

10.1.1　结构分析

普通合页基本结构包括以下几个部分：一个带圆柱孔的合页内片、一个带圆柱孔的合页外片、圆柱芯轴。

如图 10-1 所示，带轴套的物体 B 套在另一物体 A 的圆柱轴上，物体 B 的运动受到物体 A 两段面的限制，但 B 可以绕着物体 A 的圆柱芯轴做旋转，旋转角度范围为 0°~270°。合页铰链允许两部件在截面内相对转动，限制在截面内相对移动。

如果构建出内片、外片和芯轴，分别打印这三部分，再进行组装将是一个复杂的过程，而且要精确设计每一个组装件之间的公差。那么，尝试将整个合页结构一次打印成形，芯轴直接固定在其中一个合页片上，而另一个片上只要做出与芯轴半径相匹配的圆柱孔（图 10-1）。

在普通合页的基础上，合页的旋转角度可以根据自己的需求随意限定，从而演变出多种个性的合页应用于自己的设计模型中。比如，普通的合页旋转角度范围是 0°~270°，在铰链连接处做一些微小的处理，就可以将旋转角度的范围限制在

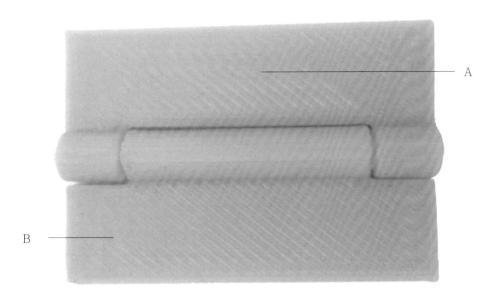

图 10-1　合页结构分析

0°～90°。然而，眼镜腿在眼镜框上的旋转角度就是 0°～90°，那么这样的设计就能应用到眼镜上，绘制出自己的眼镜模型，加上旋转角度为 0°～90° 的合页连接，就能一体打印出可以活动的、专属于自己的眼镜（图 10-2）。

| 0° | 180° | 270° |

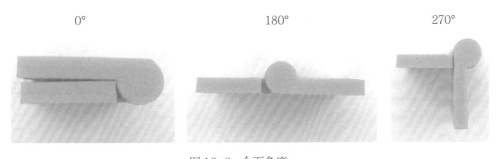

图 10-2　合页角度

　　因为打印时不需要加任何支撑结构，圆柱芯轴是通过搭桥完成的，为了保持搭桥部分的形状完整，不会与孔内壁造成黏连，设计的跨度不能太大。如果需要更长的合页，可以将圆柱芯轴分割成跨度小的多段设计，每段长度不要超过 20mm。

10.1.2　公差选择

在合页结构的设计中，要考虑两个公差：一是，芯轴与圆柱孔之间；二是，两端面之间。公差太小，打印完成后合页将无法实现转动；公差太大，可能造成孔轴之间位移过大。

基于多次打印测试，合适的公差参考值如下：

· 两侧端面之间的公差为 0.5mm；

· 孔轴之间的半径公差为 0.3mm（图 10-3）。

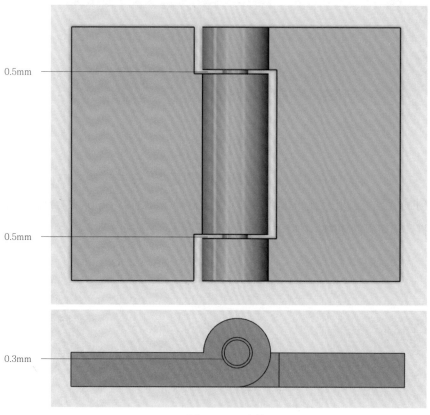

图 10-3　公差

10.1.3　设计步骤

（1）放置一个正方体在网格平面上，设置尺寸：长为 30mm，宽为 20mm，高为 4mm（图 10-4）。

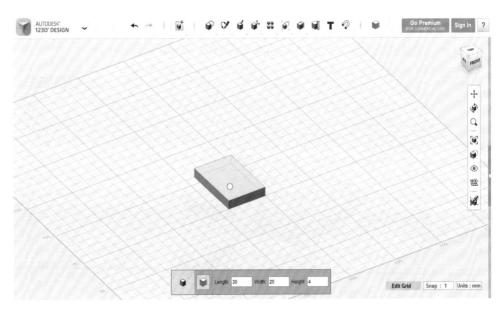

图 10-4　放置长方体

（2）复制 / 粘贴一个已经放置好的长方体，向右移动 20mm，使两个长方体的侧面对齐（图 10-5）。

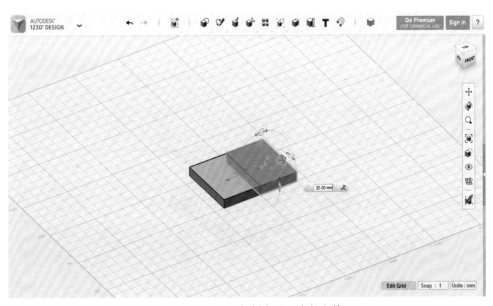

图 10-5　复制出另一个长方体

（3）选择圆柱体，移动鼠标到两个长方体相贴合的上角点处，与圆柱体的底面中心对齐。设置圆柱体尺寸：半径为 4mm，高度为 30mm（图 10-6）。

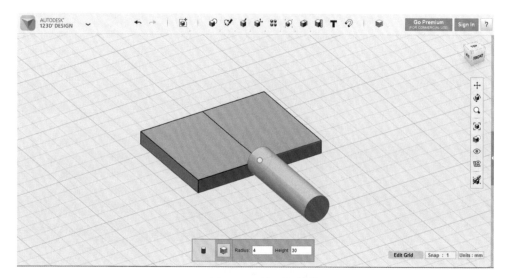

图 10-6　放置圆柱体

（4）这里需要将圆柱体基于底面翻转 180°，与两个长方体的中心线对齐。首先点击圆柱体表面选中整个实体，然后移动鼠标至与长方体贴合的圆柱体底面，会发现底面显示高亮，点击底面即可选中面（图 10-7）。

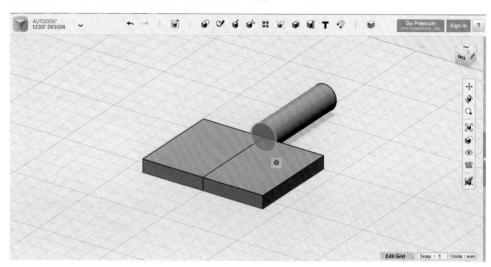

图 10-7　选中圆柱体底面

（5）选中圆柱体底面后，在键盘上敲击【空格键】，圆柱体会基于选中的底面翻转 180°（图 10-8）。

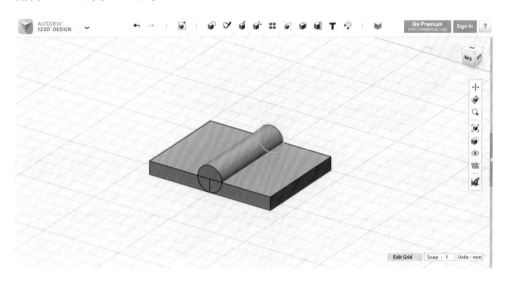

图 10-8　旋转 180°

（6）放置一个半径为 1.5mm，高为 30mm 的圆柱体，与第一个圆柱体底面中心对齐（图 10-9）。

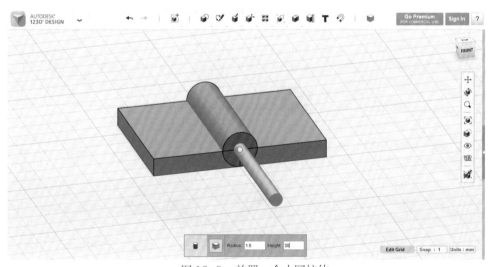

图 10-9　放置一个小圆柱体

（7）再放置一个半径为 1.8 mm，高为 35mm 的圆柱体，与第二个圆柱体底面中心对齐（图 10-10）。

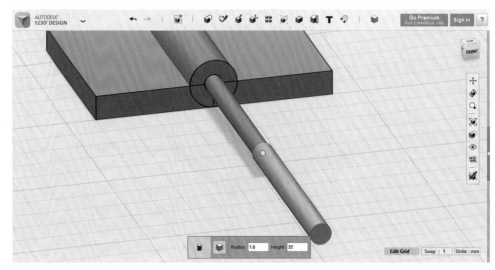

图 10-10　放置另外一个小圆柱体

（8）在另外一侧，与圆柱体中心线对齐的网格线上，放置一个长为 5mm，宽为 10mm，高为 10mm 的长方体（图 10-11）。

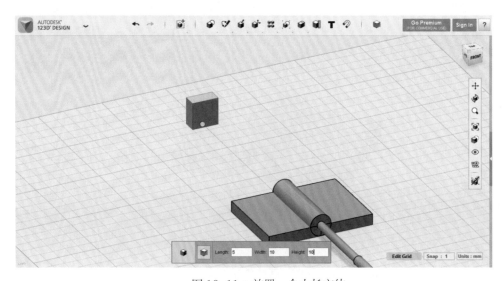

图 10-11　放置一个小长方体

（9）在第一个长方体前侧面中心点，放置长为 10mm，宽为 10mm，高为 20mm 的长方体（图 10-12）。

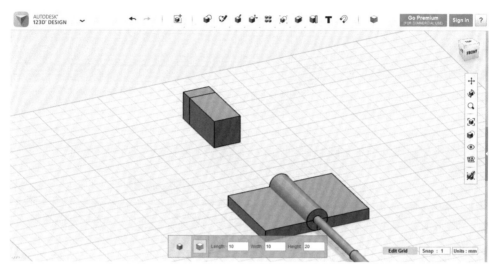

图 10-12　放置第二个小长方体

（10）在第二个长方体前侧面中心点，放置长为 10mm，宽为 10mm，高为 5mm 的长方体（图 10-13）。

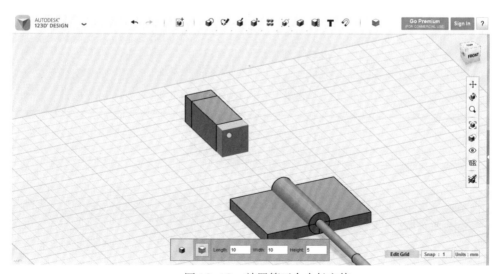

图 10-13　放置第三个小长方体

（11）选中三个长方体，对其进行编组（图 10-14）。

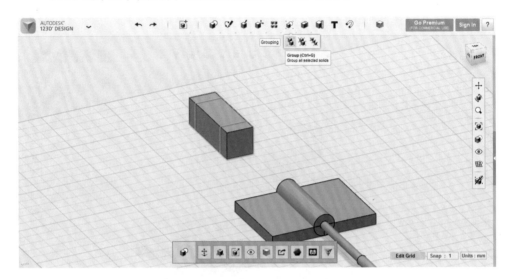

图 10-14　将三个小长方体编组

（12）然后，选中工作区域所有的实体形状，进入【对齐】（Align）模式，让所有实体横向居中对齐（图 10-15）。

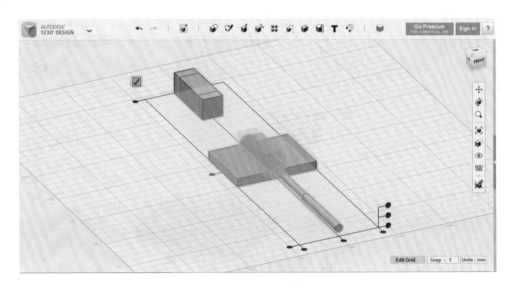

图 10-15　对齐所有实体

（13）选择第一个直径最大的圆柱体，在同样的位置做复制／粘贴（图 10-16）。

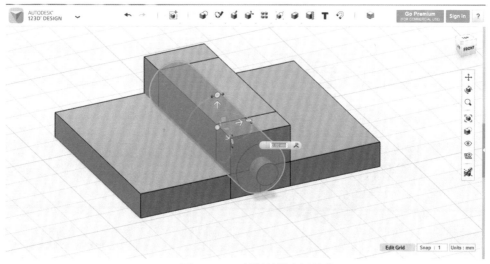

图 10-16　复制粘贴大圆柱体

（14）使用【合并】（Merge）将右边的长方体与圆柱体合并为一体。有多个物体重叠，选择圆柱体时要注意观察高亮区域。或者，鼠标放置到多个物体重叠处，左键长按会出现下拉菜单列出所有可选物体，可从中选择需要操作的物体（图 10-17）。

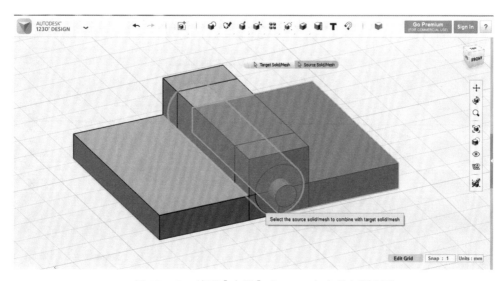

图 10-17　使用【合并】（Merge）合并右侧合页

（15）再使用【合并】（Merge）将左边的长方体与另一个圆柱体合并为一体（图10-18）。

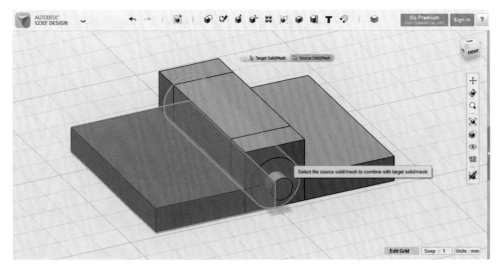

图 10-18　使用【合并】（Merge）合并左侧合页

（16）使用【相减】（Subtract），从右边合页上挖掉中间较长的长方体形状（图10-19）。

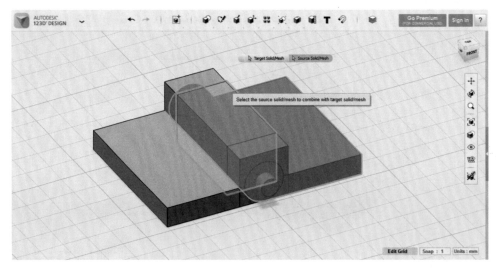

图 10-19　使用【相减】（Subtract）制作右侧合页

（17）使用【相减】（Subtract），左边合页与两端的小长方体相减（图
10-20）。

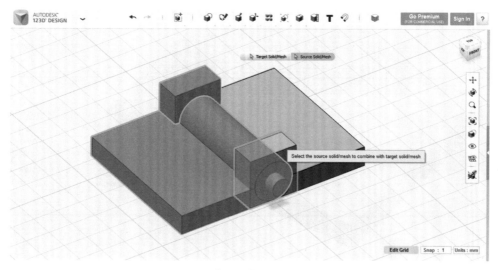

图 10-20　使用【相减】（Subtract）制作左侧合页

（18）在左边合页的圆柱体中心挖出圆柱孔，使其能绕着轴转动。使用【相减】
（Subtract），先选择左边合页体，然后选择较长的圆柱体（图 10-21）。

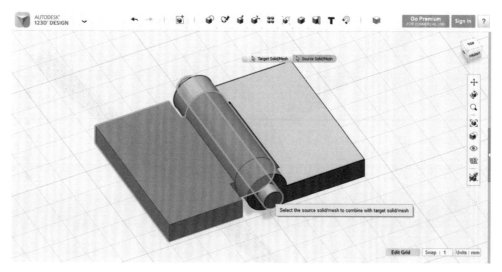

图 10-21　使用【相减】（Subtract）为左侧合页挖孔

（19）将圆柱轴固定在右边合页上。使用【合并】（Merge）合并右边合页和中间的小圆柱体（图 10-22）。

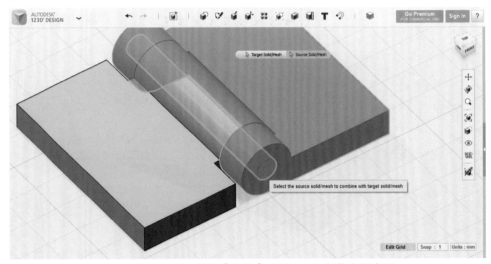

图 10-22　使用【合并】（Merge）制作右侧合页

（20）为两端面设置合适的公差。使用【拖拽】（Press and Pull）工具，选择左边合页圆柱端面，移动距离 -0.5mm（图 10-23）。

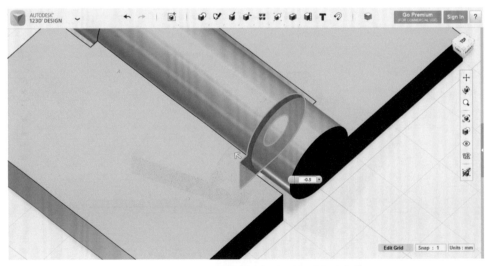

图 10-23　为左侧合页一端面设置公差

（21）使用【拖拽】（Press and Pull）工具，选择左边合页圆柱另外一边端面，移动距离 –0.5mm（图 10-24）。

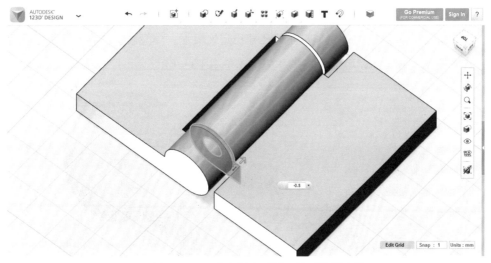

图 10-24　为左侧合页另一端面设置公差

10.2　球铰连接

球铰具有控制灵活，旋转角度大，调整方便的特点。与其他的平面铰相比，利用 3D 打印的方式实现球铰链的难度更大些。

10.2.1　机构分析

球铰有两个部件组成：球体和球壳。球壳将整个球体包裹，只允许两个部件绕着公共的球心做相对转动，限制它们三个方向的相对移动（图 10-25）。

球体可以绕两部件的轴向做 360° 旋转，还可以在球壳上缺口的限制下做 180° 的角度变化。这样的连接，可用于需要灵活控制转动的关节处。

10.2.2　公差选择

球体在 3D 打印过程中可能造成圆度不够，更加为球铰的一次成形增加了难度。在打印球铰的测试过程中，不同的打印机使用不同的材料对公差的影响是很大的。

由于材料的特性差异，ABS 的尺寸稳定性较好。某些品牌的 3D 打印机，使用 ABS 线材可以打印出公差 0.1mm 的球铰连接，紧密接合且活动自如；而使用 PLA 线材打印，公差就需要至少 0.2mm，才能灵活转动。

除了个别品牌的打印机，打印的尺寸稳定性极强。一般来讲，要求打印完成后易分离且活动较灵活，可选择公差为 0.3mm（图 10-26）。

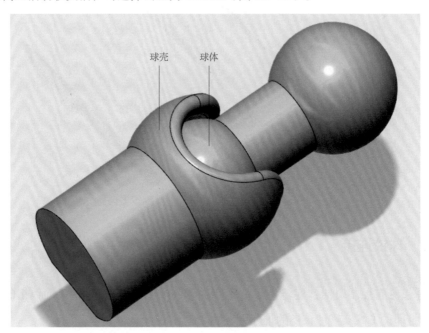

球壳　　球体

图 10-25　球铰连接结构分析

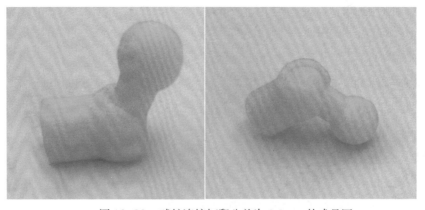

图 10-26　球铰连接打印公差为 0.3mm 的成品图

10.2.3 设计步骤

（1）先放置一个半径 4mm，高度 10mm 的圆柱体在网格平面上。在第一个圆柱体上表面中心点放置第二个圆柱体，半径为 2.5mm，高度为 15mm（图 10-27）。

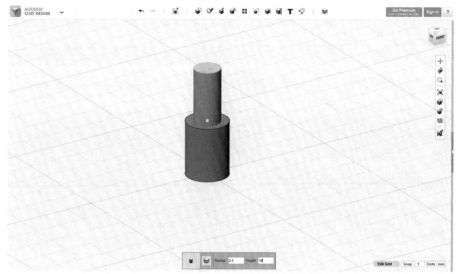

图 10-27 放置两个圆柱体

（2）将第二个圆柱体隐藏不可见，在圆柱体上表面中心点放置一个半径为 5mm 的球体（图 10-28）。

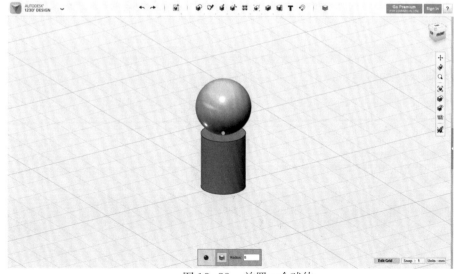

图 10-28 放置一个球体

（3）沿 Z 轴向下移动球体 5mm，与圆柱体相交（图 10-29）。

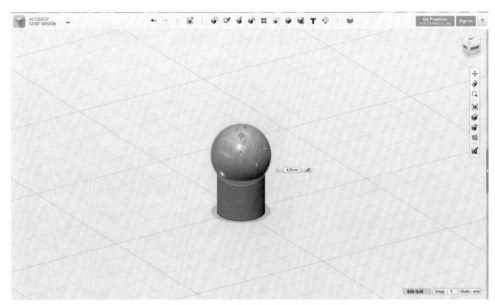

图 10-29　移动球体与圆柱体相交

（4）选择球体，在原位置复制 / 粘贴出另一个球体（图 10-30）。

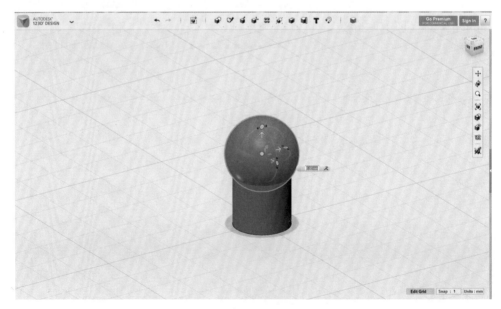

图 10-30　复制粘贴另一球体

（5）使用【合并】（Merge）工具，将圆柱体和其中一个球体合并为一体（图 10-31）。

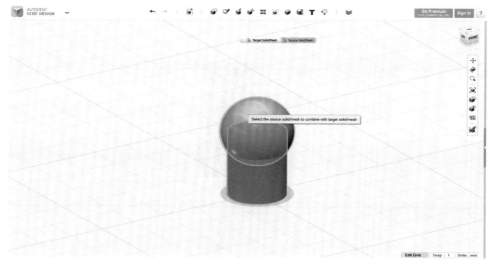

图 10-31　使用【合并】（Merge）合并圆柱体与球体

（6）显示出隐藏的实体，选择合并后的实体，将其设置为不可见。使用【拖拽】（Press and Pull）工具，选择球体表面，向内侧平移 1.5mm，在尺寸输入框中输入 −1.5mm 即可（图 10-32）。

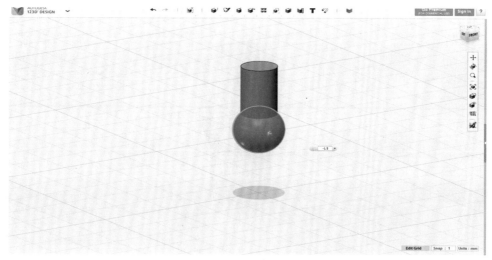

图 10-32　将球体拖拽变小

（7）使用【合并】（Merge）工具，合并圆柱体和球体（图10-33）。

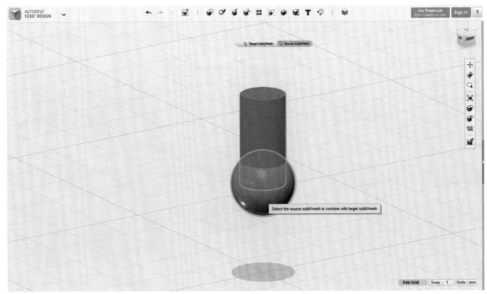

图 10-33　使用【合并】（Merge）合并球体与圆柱体

（8）显示出所有被隐藏的实体。选择上面的小圆柱体，在原位置复制 / 粘贴（图 10-34）。

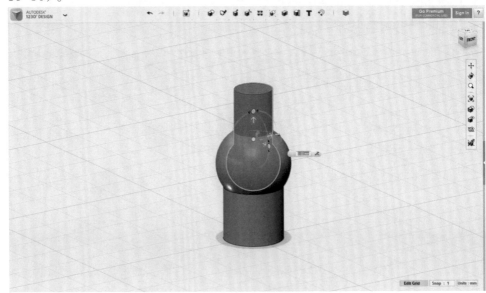

图 10-34　复制粘贴上部小实体

（9）使用【相减】（Subtract）工具，选择下面的大圆柱体作为目标对象，在选择上面的小圆柱体作为源对象，进行相减，将下面的球体内部掏空（图 10-35）。

图 10-35 使用【相减】（Subtract）挖空下部实体

（10）隐藏上面的圆柱体，在下面的球壳内球面上设置公差。使用【拖拽】（Press and Pull），选择球壳内球面，向外侧平移 0.3mm 作为公差，即在尺寸输入框中手动输入 −0.3mm（图 10-36）。

图 10-36 为下部实体设置公差

（11）旋转视角到【底视图】，在圆柱体底平面中心，放置长 5.5mm，宽 20mm，高 10mm 的长方体（图 10-37）。

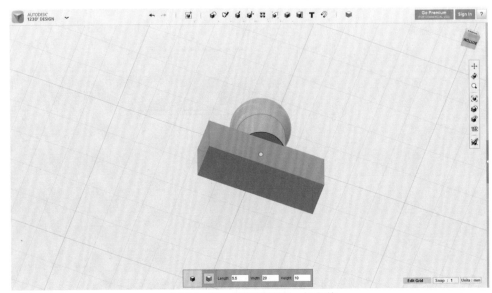

图 10-37　在底部放置一长方体

（12）将长方体向上移动与球壳体相交（图 10-38）。

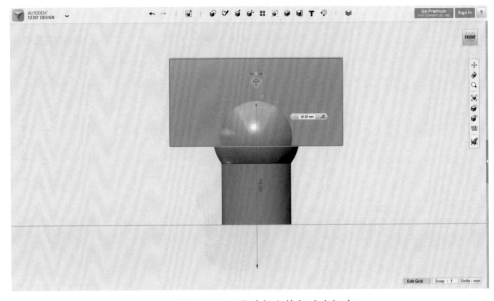

图 10-38　移动长方体与球壳相交

（13）使用【相减】（Subtract）工具，从球壳体上切除长方体形状，做出球壳上的缺口（图 10-39）。

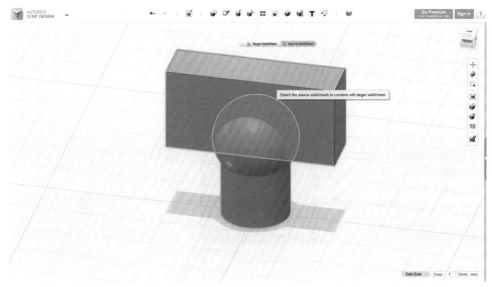

图 10-39　使用【相减】（Subtract）做出缺口

（14）选择缺口底部的 4 条直线短边，做半径为 2.75mm 的圆角（图 10-40）。

图 10-40　对缺口直线倒圆角

（15）再对缺口上的曲线边做半径 0.5mm 的圆角（图 10-41）。

图 10-41　对缺口曲线倒圆角

（16）将隐藏的实体都显示出来。为了打印方便，在小圆柱体的上端面添加一个半径为 4mm 的球体，并与小圆柱体合并（图 10-42）。

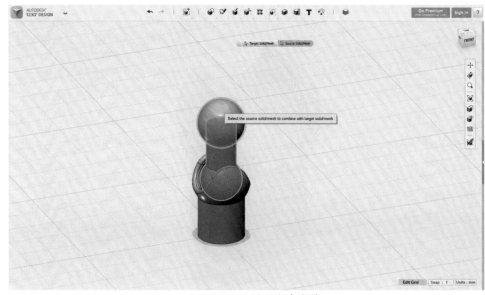

图 10-42　显示所有实体

（17）为了让球铰打印更方便，需要一个平面在打印时与打印平台接触。在球铰右侧，最靠近实体的网格点上，放置一个长方体，长为 20mm，宽为 3.5mm，高为 30mm（图 10-43）。

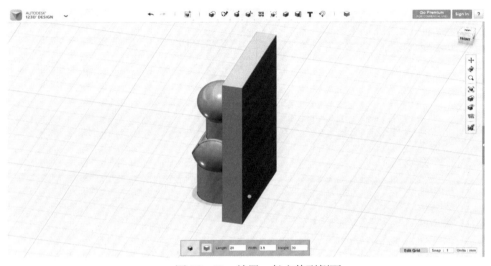

图 10-43　放置一长方体到侧面

（18）选中长方体，在原位置做复制 / 粘贴。使用【相减】（Subtract）工具，从上面的实体上减去长方体（图 10-44）。

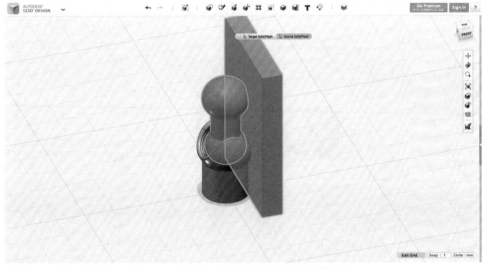

图 10-44　使上部实体侧面变平

（19）使用【相减】（Subtract）工具，从下面的实体上减去长方体（图 10-45）。

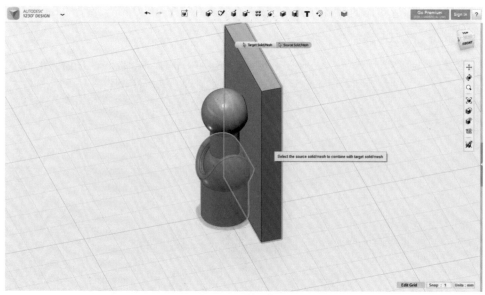

图 10-45　使下部实体侧面变平

（20）选中屏幕上左右的实体，向右侧旋转 90°，让平面向下。导出 STL，开始打印测试（图 10-46）。

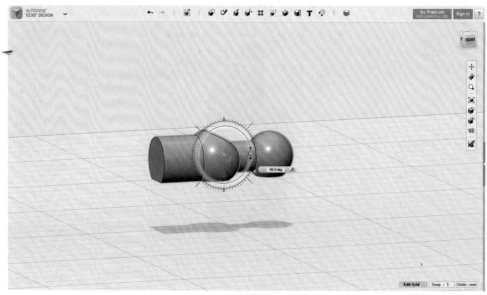

图 10-46　放置到网格面

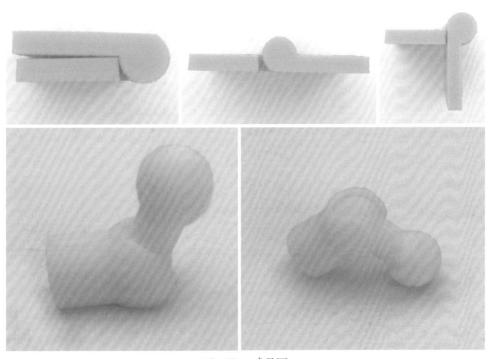

10-47　成品图

第 11 章　分体组装连接件

分体组装连接件，即连接件分两部分，分别打印后组装在一起构成连接件。

分体组装的连接件，设计时要保证打印完成后的零部件之间可以顺利完成组装，满足运动所需的松紧度，并且能够拆卸方便。如果是通过组装方式实现固定连接，组装后不需要考虑拆卸，就要保证绝对的紧密连接，使用中不会轻易掉落。这时，根据组装的方式，需要选择更小的公差，甚至有些连接方式可以选择公差为 0mm。

11.1　卡套连接

卡套连接可以通过接合，将两个独立的物体连接起来。比如，一个很长的管状物体，由于太长可能超出了 3D 打印机可以承受的最大限度，可以使用卡套连接将其分割成较短的几段，分别打印后通过卡套将独立的几段做紧固连接。这样，既降低了较大模型一次打印成形的失败率，又缩短了打印时间。

11.1.1　结构分析

卡套连接由接头体和卡套两部分构成。当卡套插入接头体后，卡套前端外侧与接头体的各个锥面贴合，均匀地咬入接头体，形成紧固连接。卡套前端的开口设计，在进行组装时，增加受接头体挤压的伸缩空间（图 11-1 ）。

尤其对于大口径的管状结构，卡套连接组装方便，相比较螺纹连接，模型设计更省事，打印更容易。

11.1.2　公差选择

卡套连接的设计只需要一个公差，即卡套前端侧面与接头体各个锥面之间的公差。根据松紧需要进行选择，参考公差如（图 11-2 ~ 图 11-4 ）：

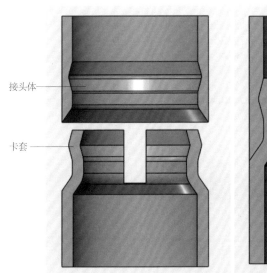
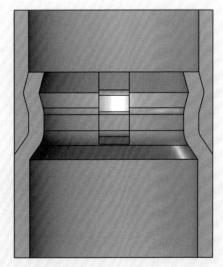

接头体

卡套

图 11-1 卡套连接结构分析

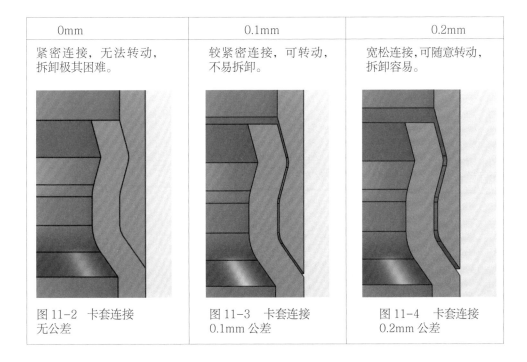

0mm	0.1mm	0.2mm
紧密连接，无法转动，拆卸极其困难。	较紧密连接，可转动，不易拆卸。	宽松连接，可随意转动，拆卸容易。
图 11-2 卡套连接 无公差	图 11-3 卡套连接 0.1mm 公差	图 11-4 卡套连接 0.2mm 公差

11.1.3　设计步骤

（1）在网格平面上放置一个半径为10mm，高度为10mm的圆柱体（图11-5）。

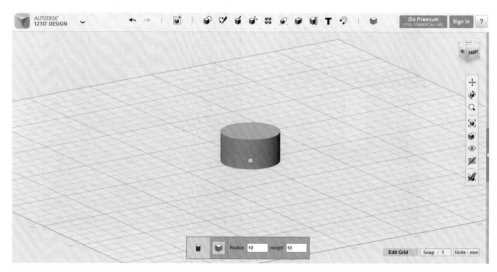

图 11-5　放置一个圆柱体

（2）在第一个圆柱体上表面中心，再放置一个圆柱体，半径为 10mm，高度为 20mm（图 11-6）。

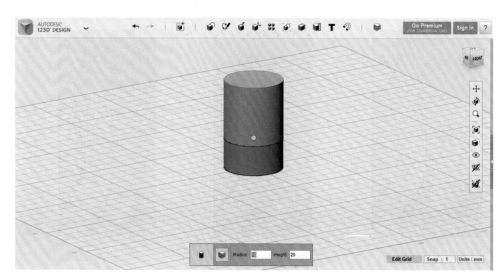

图 11-6　放置另一个圆柱体

（3）选中第二个圆柱体，点击屏幕底部快捷工具栏中的【隐藏】按钮，使其不可见（图 11-7 ）。

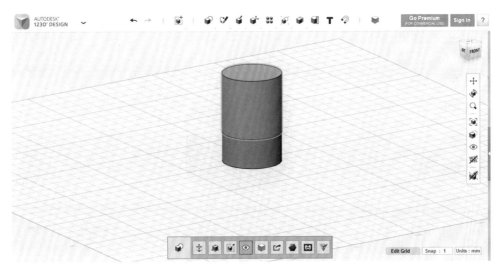

图 11-7　隐藏第二个圆柱体

（4）使用【拉伸】（Extrude）工具，选择圆柱体上表面作为拉伸轮廓，拉伸高度 2mm，倾斜角度 -35°（图 11-8 ）。

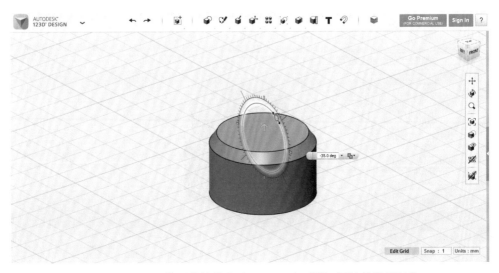

图 11-8　使用【拉伸】（Extrude）对第一圆柱体做倾斜角

（5）继续拉伸上表面，拉伸高度 2mm（图 11-9 ）。

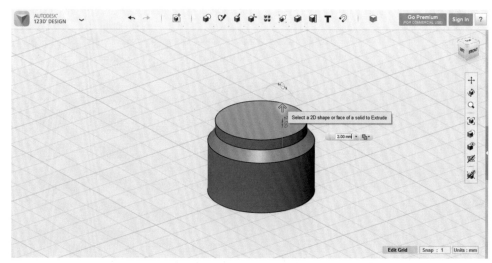

图 11-9　拉伸上表面

（6）拉伸上表面高度 2mm，倾斜角度 10°　（图 11-10 ）。

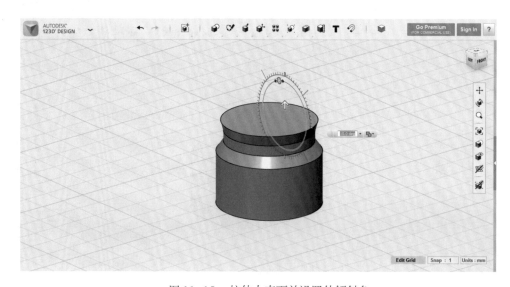

图 11-10　拉伸上表面并设置外倾斜角

（7）再拉伸上表面，拉伸高度 2mm，倾斜角度 –10°（图 11-11）。

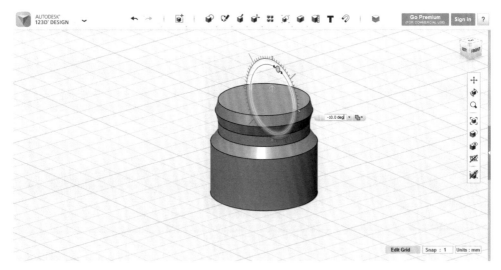

图 11-11　拉伸上表面并设置内倾斜角

（8）对连续拉伸的三段边缘做圆滑处理，倒圆角半径为 1mm（图 11-12）。

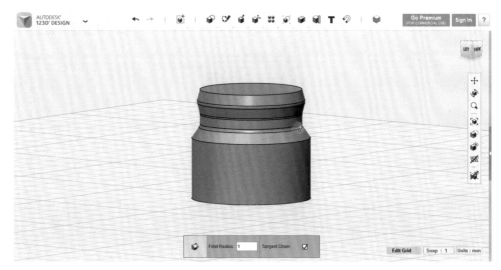

图 11-12　使用【倒圆角】（Fillet）平滑边缘

（9）显示出隐藏的实体，选择下面的圆柱体，在同样的位置复制 / 粘贴一个实体（图 11-13 ）。

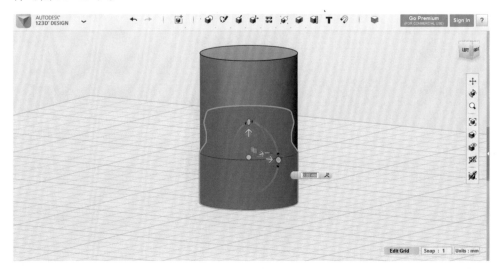

图 11-13　复制粘贴另一个下部实体

（10）使用【相减】（Subtract）工具，上面的圆柱体最 \ 为目标对象，下面的圆柱体为源对象，进行相减（图 11-14 ）。

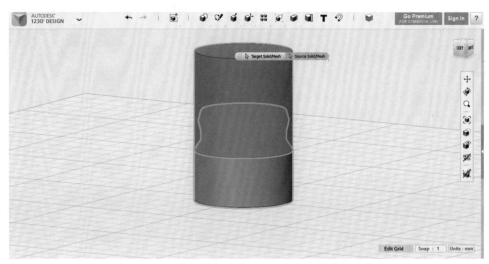

图 11-14　使用【相减】（Subtract）将上部实体挖空

（11）再把上面的圆柱体隐藏，对剩下的实体做抽壳。点击【抽壳】（Shell）工具后，先选择上表面，然后按住 Ctrl 选择下表面，设置壳厚度为 1.5mm（图 11-15）。

图 11-15　对下部实体抽壳

（12）将视角切换到【顶视图】，在抽壳后的物体中心放置一个长方体，长为 20mm，宽为 3mm，高为 10mm（图 11-16）。

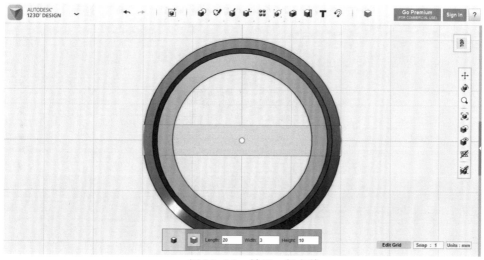

图 11-16　放置一长方体

（13）复制 / 粘贴长方体，并旋转 90° 与原来的长方体相交叉（图 11-17 ）。

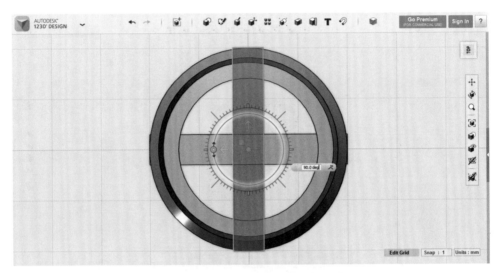

图 11-17　复制粘贴另一长方体

（14）选中两个长方体，向上移动与卡扣部分相交（图 11-18 ）。

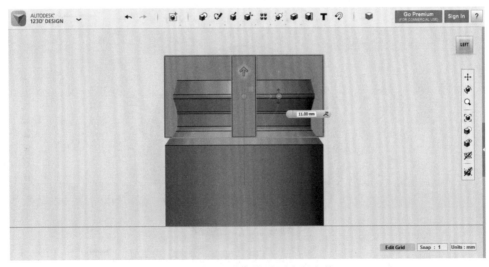

图 11-18　移动两个长方体

（15）选择圆柱腔体作为目标对象，两个长方体为源对象，对其做【相减】（Subtract）（图 11-19）。

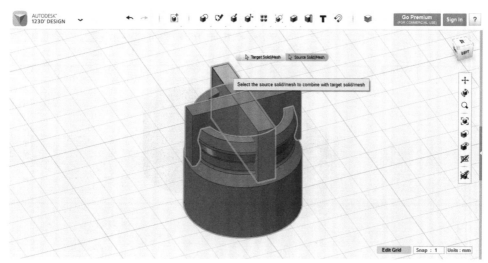

图 11-19   利用【相减】（Subtract）完成下部卡套

（16）显示上半部的圆柱体，隐藏下半部圆柱腔体。以内侧底面为拉伸轮廓，向上拉伸做切除（图 11-20）。

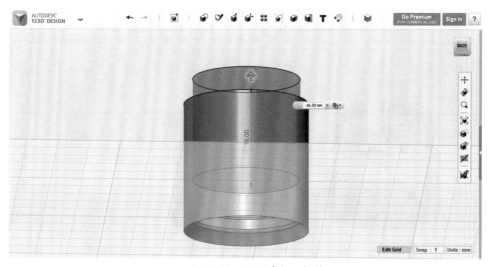

图 11-20   显示上部圆柱体

（17）显示场景中的所有实体对象，将上面的圆柱体旋转 90°，排布在网格平面上便于打印。这个过程中，没有对卡套设置公差，如果需要非常紧密地连接，可以直接打印（图 11-21）。

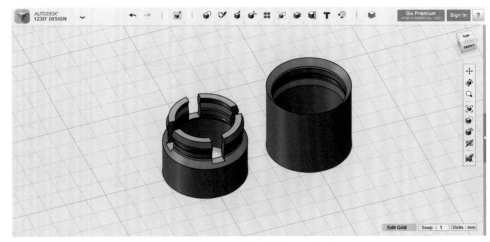

图 11-21　放置实体到网格面

（18）如果打印后的组装结果并不是所期望的，需要相对宽松的连接，那么就需要设置合适的公差。使用【拖拽】（Press and Pull）工具，选择右边圆柱体内侧与卡套对应的 4 个圆柱面，输入移动距离 -0.1mm，则公差设置为 0.1mm。同理，可设置公差 0.2mm 或其他值（图 11-22）。

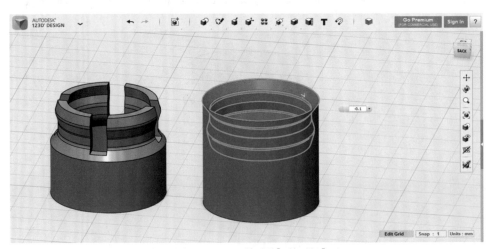

图 11-22　使用【拖拽】（Press and Pull）工具调整公差

11.2 燕尾卡槽连接

燕尾卡槽连接，用于平面之间的连接。比如，设计模型存在较大平面，打印时由于打印平台限制，产生翘边造成打印物体不平整。这时，可以将模型化整为零，零部件之间通过燕尾卡槽连接。

11.2.1 结构分析

燕尾卡槽连接分为两部分：燕尾卡和燕尾槽。燕尾卡从一端滑入卡槽，当燕尾卡插入卡槽后，卡块两侧斜面与卡槽的各个斜面贴合，形成紧固连接。卡槽连接允许燕尾卡与卡槽在平面内的一个方向上相对移动，限制与该方向垂直方向的移动和相对转动。

原理相同的情况下，还可以将燕尾卡和燕尾槽的形状做改变，换成圆形、方形或者其他形状，同样能实现相同的组装效果（图 11-23）。

11.2.2 公差选择

燕尾卡块与卡槽接触三个平面，以及卡块两侧与卡槽接触的两个斜面都需要设

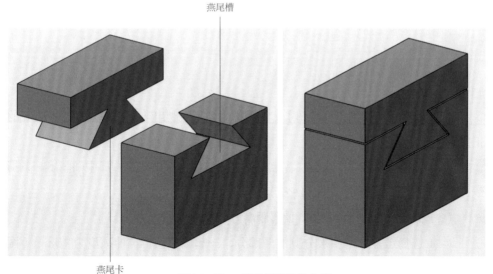

图 11-23　燕尾卡槽结构分析

置相同的公差，否则卡块将无法顺利插入卡槽。

根据连接紧密程度，选择公差参考如（图 11-24、图 11-25 ）：

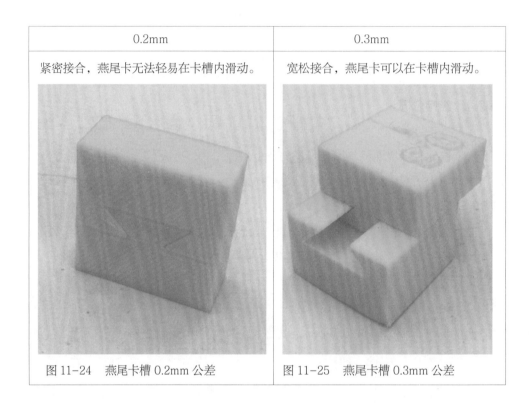

0.2mm	0.3mm
紧密接合，燕尾卡无法轻易在卡槽内滑动。	宽松接合，燕尾卡可以在卡槽内滑动。
图 11-24　燕尾卡槽 0.2mm 公差	图 11-25　燕尾卡槽 0.3mm 公差

11.2.3　设计步骤

（1）将视角切换到【顶视图】，在网格平面上绘制出一个长和宽都是 25mm 的正方形草图（图 11-26 ）。

（2）使用【多段线】工具，先点击正方形草图，然后在正方形中间画出一条折线，将正方向分成两部分（图 11-27 ）。

（3）偏移中间的折线草图，偏移距离为 0.2mm（图 11-28 ）。

（4）选择正方形草图被分割的两部分，一起做拉伸，拉伸高度为 10mm（图 11-29 ）。

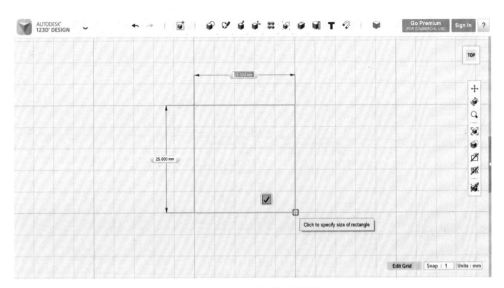

图 11-26　绘制矩形草图

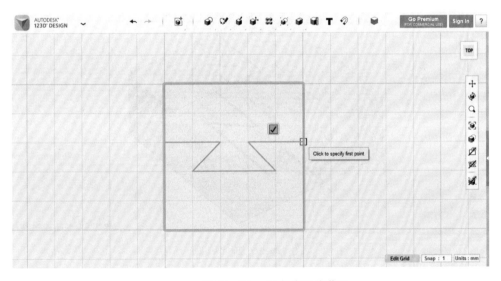

图 11-27　绘制多段线草图

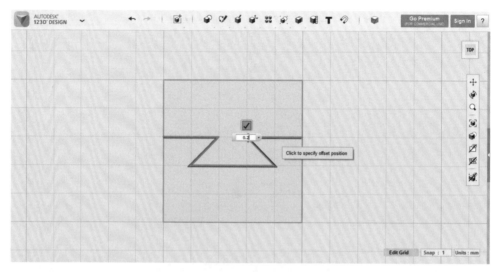

图 11-28　偏移草图

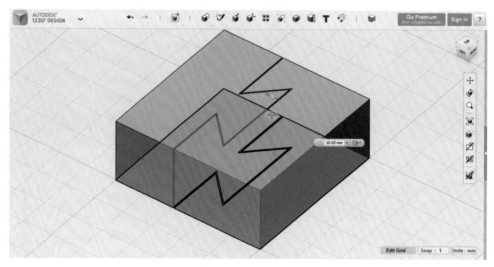

图 11-29　拉伸草图

（5）将两部分分离开成独立实体，开始打印组装测试（图 11-30）。

（6）如果打印后无法组装成功，可以增大公差至 0.3mm。使用【拖拽】（Press and Pull）工具，对所有接触平面一起做平移，输入距离 –0.1mm。继续做打印测试，直到组装成功，寻找到合适的公差（图 11-31）。

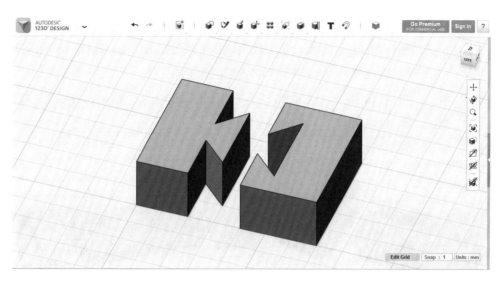

图 11-30　移动两部分实体

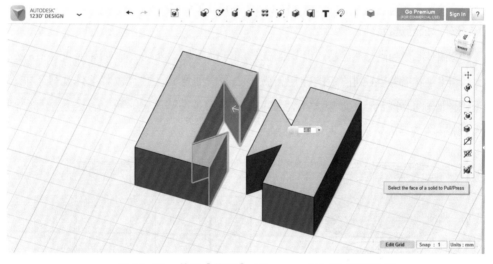

图 11-31　使用【拖拽】（Press and Pull）调整公差

11.3　开口圆柱销连接

　　开口圆柱销，是一种轴向开槽的圆柱销，一端或两端有外径稍大一点的锥面做固定。用于零部件之间的连接或固定，圆柱销外径尺寸一般较小，在 10mm 以内。

11.3.1 结构分析

使用开口圆柱销连接，需要一个圆柱销体和带装配孔的物体。圆柱销轴向的开槽，为了增加装配时的弹性。端部锥面外径比装配体上的孔径稍大，用于固定装配体，防止滑落。在 3D 打印中，单头开口圆柱销可用于汽车轮胎的安装，双头开口圆柱销可用于物体之间的连接和固定（图 11-32）。

图 11-32　开口圆柱销结构分析

11.3.2 公差选择

装配体孔径最大不能超过开口圆柱销端部锥面最大外径 R_1，如果装配体孔径太大，开口圆柱销起不到固定的作用，就失去使用的意义。并且，装配体孔径不能小于销体圆柱面外径 R_2，如果太小，装配体将无法装在销体上。所以，公差选择范围为 0mm~（R_1-R_2）mm（图 11-33）。

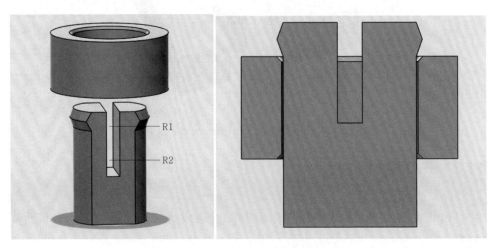

图 11-33　开口圆柱销公差

公差选择参考如图 11-34、图 11-35 所示。如果想要装配体绕销轴中线自由旋转，公差选择应该更大。

0.2mm	0.3mm
非常紧密接合，轴向移动非常困难。	比较紧密接合，轴向可移动和旋转。
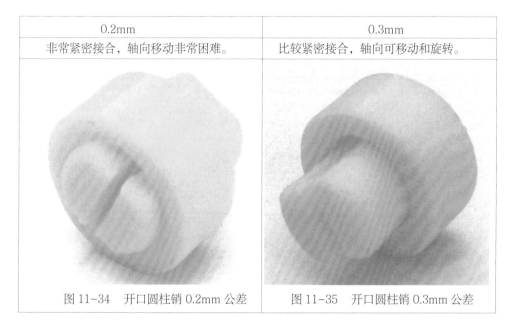	
图 11-34　开口圆柱销 0.2mm 公差	图 11-35　开口圆柱销 0.3mm 公差

11.3.3　设计步骤

（1）在网格平面上画出一个直径为 8mm 的圆形草图（图 11-36）。

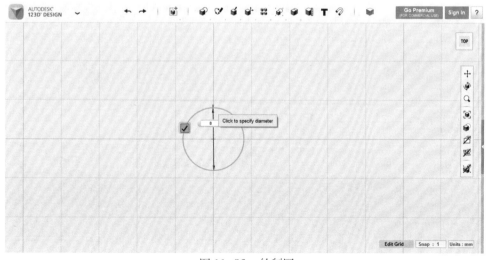

图 11-36　绘制圆

（2）使用【多段线】工具，在草图圆形左侧画一条垂直线段，与草图圆形成封闭轮廓（图 11-37）。

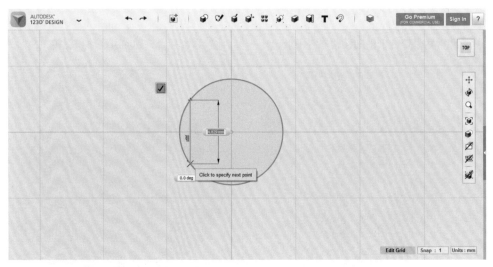

图 11-37　绘制多段线

（3）从垂直线的下端点处，向右平移鼠标，会发现一条黑色辅助线，在与圆相交处单击鼠标，确定第一个端点（图 11-38）。

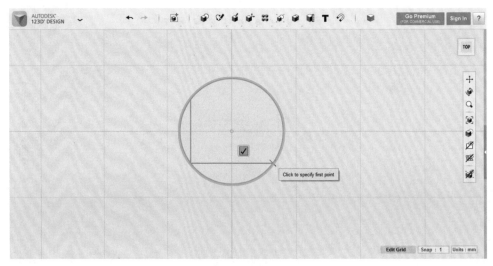

图 11-38　找到端点

（4）向上移动鼠标，在画出的直线左侧会显示平行线的约束标识，与圆相交时单击鼠标，确定第二个端点。这样，将一个完整的草图圆分割成了三部分（图 11-39）。

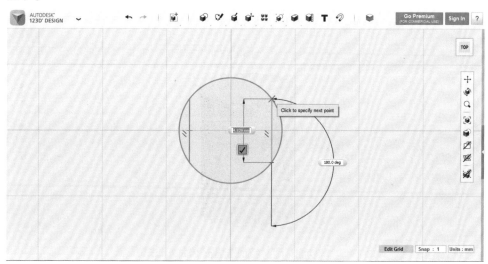

图 11-39　找到第二个端点

（5）使用【拉伸】（Extrude）工具，选中整个草图圆，拉伸出高度为 10mm 的圆柱体（图 11-40）。

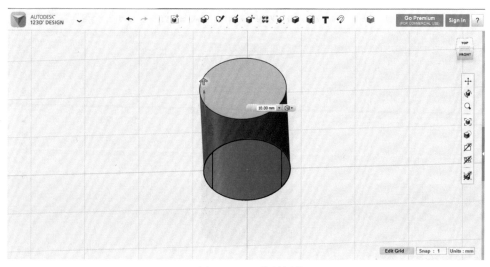

图 11-40　拉伸圆柱

（6）以圆柱体上表面为拉伸轮廓，拉伸高度 1mm，倾斜角度为 25°（图 11-41）。

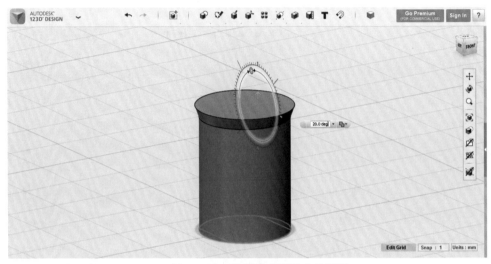

图 11-41 拉伸上表面并向外倾斜

（7）在拉伸一段高度为 1mm，倾斜角度为 -25° 的圆台（图 11-42）。

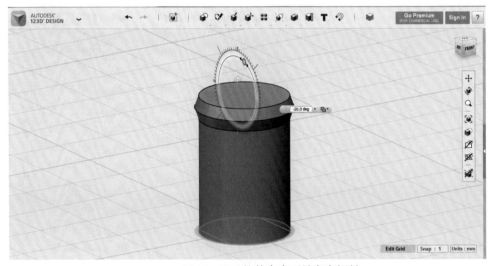

图 11-42 拉伸上表面并向内倾斜

（8）使用【分割实体】（Split Solid）工具，选择一条草图直线，将实体分割成两部分（图 11-43）。

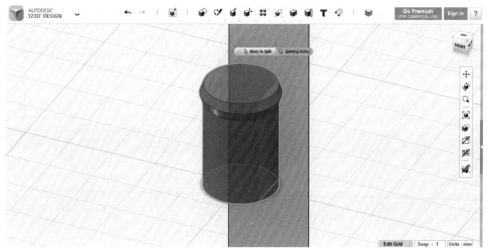

图 11-43　利用【草图线】分割实体

（9）再次分割，将较大的部分用另一根草图直线做分割，实体被分割成了三部分（图 11-44）。

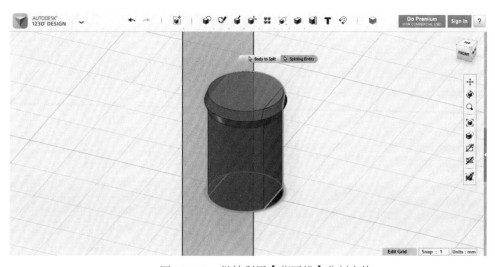

图 11-44　继续利用【草图线】分割实体

（10）删除左右两侧较小的实体块，剩下中间部分备用（图 11-45）。

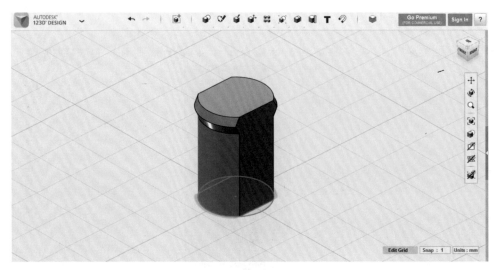

图 11-45　删除多余实体

（11）在侧面的平面中点上，放置长为 1.5mm，宽为 10mm，高为 10mm 的长方体（图 11-46）。

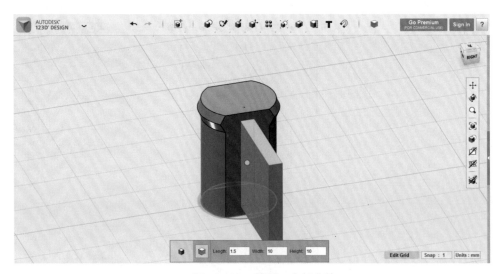

图 11-46　放置一个长方体

（12）移动长方体，与被分割后剩下的圆柱体部分相交（图 11-47）。

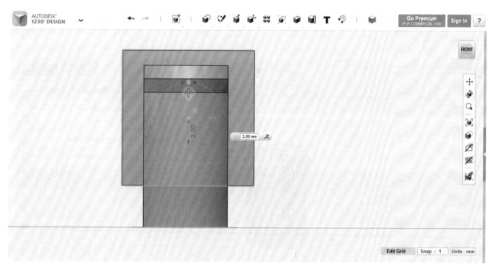

图 11-47　移动长方体

（13）使用【相减】（Subtract）工具，从实体上切掉长方体形状。开口销模型已经完成（图 11-48）。

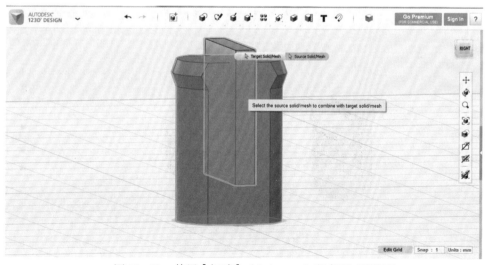

图 11-48　使用【相减】（Subtract）完成开口销模型

（14）使用【测量】（Measure）工具，选择开口销突出部分的边缘，测量半径为 4.364mm。而底下圆柱部分的半径是 4mm，所以孔的设计尺寸范围是 4mm~4.364mm（图 11-49）。

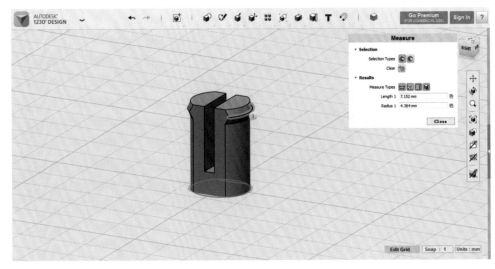

图 11-49　测量开口销

（15）放置一个圆柱体，在中心掏出一个半径为 4.2mm 圆柱孔（图 11-50）。

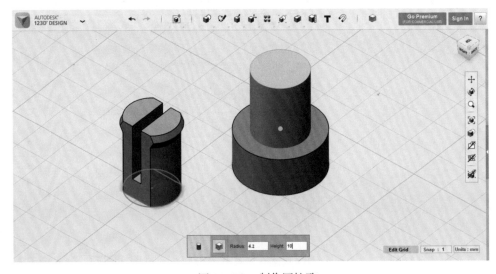

图 11-50　制作圆柱孔

（16）把开口销旋转 90°，使得侧平面向下，打印时能牢固的接触打印平台。
打印完成后，做组装测试，将带孔的圆柱体从开口的一端套进去（图 11-51）。

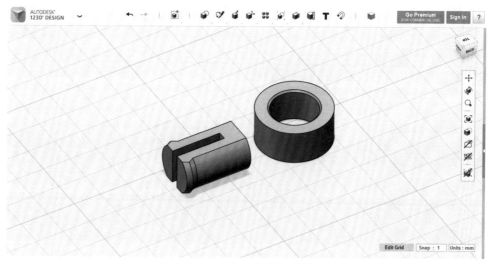

图 11-51　放置于网格面

（17）如果套入开口销后，无法达到预期的灵活程度，可以调整公差后，再次
做打印组装测试。使用【拖拽】（Press and Pull）工具，选择开口销侧面的两个半
圆柱面，输入移动距离 -0.1mm（图 11-52）。

图 11-52　使用【拖拽】（Press and Pull）调整公差

第

4

部分 —— 附录

一

第 4 部分
附 录

附录 1　中英文对照快捷键列表

导航工具		组合键
Pan	平移	按住鼠标中键拖动
Orbit	旋转	按住鼠标右键拖动
Zoom	缩放	滚动鼠标中键
Fit	满窗口显示	F

文件管理		组合键
New	新建	Ctrl + N
Open	打开	Ctrl + O
Save	保存	Ctrl + S
Exit	退出	Ctrl + Q
3D Print > Desktop 3D Printer	三维打印	Ctrl + P
Minimize Window	最小化窗口	+
Open Hotkey Doc	打开快捷键文档	F1
Cancel/Exit Command	取消 / 退出命令	Esc

其他快捷键		组合键
Undo	撤销	Ctrl + Z
Redo	重做	Ctrl + Y
Copy	复制	Ctrl + C
Paste	粘贴	Ctrl + V
Group	编组	Ctrl + G
Ungroup	解组	Ctrl + Shift + G
Delete	删除	Delete
Move/Rotate	移动 / 旋转	Ctrl + T
Scale	缩放	S
Smart Scale	智能缩放	Ctrl + B

命令		组合键
Extrude	拉伸	U
Sweep	扫掠	W
Revolve	旋转	V
Loft	放样	L
Press and Pull	拖拽	P
Tweak	扭曲	K
Split Face	分割面	B
Split Solid	分割实体	Alt + B
Fillet	圆角	E
Chamfer	倒角	C
Shell	抽壳	J
Rectangle Pattern	矩形阵列	N
Circular Pattern	环形阵列	Shift + N
Path Pattern	沿路径阵列	Alt + N
Merge	合并	[
Subtract	相减	]
Intersect	相交	\
Measure	测量	Shift + M
Ruler	直尺	R
Align	对齐	A
Text	文字	T
Snap	捕捉	;
Material	材质	`
Convert Mesh to Solid	网格转换实体	M
Move/Rotate	移动 / 旋转	Ctrl + T

其他快捷键	组合键
在网格平面上移动物体	按住鼠标左键拖动
在空间里自由拖拽捕捉物体	按住 Shift，选择物体，然后按住鼠标左键拖动
以 X 轴旋转物体	X（正向旋转）
	Shift + X（反向旋转）
以 Y 轴旋转物体	Y（正向旋转）
	Shift + Y（反向旋转）
以 Z 轴旋转物体	Z（正向旋转）
	Shift + Z（反向旋转）
旋转 45°	Shift + 旋钮
旋转 15°	Alt + 旋钮
在网格平面上翻转物体	选中物体，敲击'空格键'
让物体落在网格上	选中物体，敲击'D'
显示整体尺寸	I

附录 2　123D Design 模型欣赏

各类软件下载地址：http://www.makersp.com/123d/

AUTODESK®
123D® DESIGN

让 3D 建模更容易

123D Design 可以使用一些简单的图形来设计、创建、编辑三维模型，或者在一个已有的模型上进行修改。与 123D 家族中其他成员偏重 CG 建模不同，123D Design 是一款 CAD 建模软件。

操作界面简单直观，功能强大，丰富的预定义零件与模型库——用户可以用 123D Design 更加高效精准地进行建模，火车、建筑、机械零件、机器人，都能轻松搞定。二维草图不再是 3D 建模的必经之路，通过对基本 3D 形状进行堆叠和编辑，一样能够做出精美的 3D 模型。

用 123D Design 进行建模几乎没有技术门槛，即使不是专业的 CAD 建模工程师，也能凭借出色的创造力和动手能力，创造一个无与伦比的 3D 世界。

Windows 电脑版本下载地址：

http://www.123dapp.com/design

http://www.makersp.com/123d/

Mac，iPad 版本请从 App Store 下载

搭积木般玩转 3D 世界

三视图、六视图？点线面？ 3D Studio Max？没有它们也能够玩转 3D 打印！ Autodesk 123D 产品系列致力于消除技术门槛，为 DIY 达人和 3D 爱好者提供服务。123D 将让灵感和创意走得更远！

作为大众 3D 建模领域领头羊之一的 Tinkercad，在加入 Autodesk 123D 前就拥有发展成熟的网页 3D 建模技术以及广泛的用户分享平台。如今的 Tinkercad 已经成为 123D 产品线重要的一员，掌握它，是进入展示创意与设计的三维世界的第一步。

拥有活泼有趣界面和超简易使用攻略的 Tinkercad，帮助你运用立方体、圆球等最基础的 3D 物体，在短短数分钟内就能完成卓越的设计。

如玩积木般简单易用,连小朋友都能使用的3D建模产品。3D建模，小菜一碟！

Tinkerad 在线版网址：https://www.tinkercad.com/

做最好的 3D 打印伴侣

Meshmixer 是一款主要针对 3D 打印的三维网格文件编辑软件，它能够通过混合现有的网格来重塑 3D 模型，适用于 Windows 和 Mac OS X 系统。

通过 Meshmixer，除了可以对 3D 模型的网格进行专业修补之外，还能拥有最大自由度的雕塑或绘画的编辑权限，更能够直接利用 123D Gallery 模型库里的模型进行独特的个人创作！更棒的是现在的 Meshmixer，不仅能够将经过处理的 3D 模型与个人 3D 打印机端口连接，更提供了在应用内向 Sculpteo、i.materialse 及 Shapeways 三家在线 3D 打印服务商直接下单的功能。

在这里，就可以进行完成 3D 小梦想的最后一步：打印啦。

Windows 电脑版和 Mac 版下载地址：

http://www.123dapp.com/meshmixer#download

http://www.makersp.com/123d/

AUTODESK®
123D® CATCH

神"拍"马良的必杀技

有没有想过有一款神奇而简单的软件，能够帮你把数码照片从二维世界解放出来？有了 123D Catch，你就能轻易成为神"拍"马良。

不需要特别专业的相机和拍照技术，只需用 iPad、iPhone 或者其他手持数字摄影设备拍摄一组照片，123D Catch 就能让数码照片"站"起来！

依靠强大的云端服务器支持，123D Catch 会直接将拍摄的照片上传服务器，服务器再根据一定算法将照片进行处理，最终生成一个栩栩如生的 3D 模型。

你就是新时代的神"拍"马良！

Windows 电脑版下载地址：

http://www.123dapp.com/catch

http://www.makersp.com/123d/

移动终端版本请于 Google Play、App Store、Windows Store 下载

AUTODESK®
123D® SCULPT+

用上帝之手，让想象力开出斑斓的花

即使没有雕塑原料，没有雕刻工具，只需一台 iPad 在手，便可以随时随地进行雕塑创作，是不是很酷?

不用学习复杂的建模与渲染技术，只需要耐心、细心以及天马行空的想象力，你也许就能创造出你能想象出的一切。123D Sculpt+ 让你可以在 iPad 上轻松地动动手指就能创造自己想象的生物。

123D Sculpt+ 内建了各种皮肤材质以及 3D 骨骼，使得完成的模型栩栩如生，无论是现实生活中能够存在的，还是只存在于想象中的怪物，都可以用 123D Sculpt+ 创造出来。只需要通过对骨骼、皮肤以及肌肉、动作的调整和编辑，创建出各种奇形怪状的 3D 模型，而且可以直接用来制作动画以及 3D 打印。

iPad 版本请于 App Store 下载

AUTODESK®
123D® MAKE

一分钟平面变立体

当你通过 3D 建模软件创建了一个模型，除了用 3D 打印之外，还有别的方式可以将数字模型变成实物吗?

答案是肯定的。

数字化制造并不是只能用 3D 打印机进行打印，2D 切片拼装成 3D 模型也是一种便捷而又富有创意的数字模型实体化解决方案。而 123D Make 也将为 3D 模型爱好者提供更多思路，创造更多惊喜。

Windows 电脑版下载地址：

http://www.123dapp.com/make

http://www.makersp.com/123d/

Mac 版本请于 App Store 下载

AUTODESK®
123D® CIRCUITS

电子极客的超酷黑魔法

123D 系列产品旨在为 DIY 爱好者和创客打造全方位的创意实现平台，怎么会少了电路设计工具？没错，123D Circuits 就是这样一个功能强大，且完全免费的网页在线版电路设计软件。

你除了可在 123D Circuits 设计平台上使用丰富的模拟电子元器件进行电路设计之外，还可从此告别灰头土脸、挥汗如雨的电路焊接和繁琐枯燥的调试工作——123D Circuits 提供电路在线定制服务，你只需一键下单，很快就能收到自己设计的且能正常工作的电路板。

同时，电子工程师们还可以在 123D Circuits 设计平台上高效地进行协同设计；而极客们还能在线分享和交流各种不同功能的电路设计图——从此，电路设计也将更加开放和高效，也将会有更多人加入极客行列。

Tinkerad 在线版网址：https://123d.circuits.io/

手工创意制品分享社区

http://www.instructables.com

来这里欣赏别人的创意成果，感受形形色色的小发明、小创意。

来这里可以学习自己动手尝试，每一个作品都附带了图片、文字教程、视频以及相关文件。

来这里成为制作者，参加丰富的竞赛赢取精彩奖品，分享与展示自己的创意成果。